工 程 設 計 領 域

電腦輔助平面製圖認證指南

AutoCAD 2014

（內附認證範例題目、範例試卷及簡章）

財團法人中華民國電腦技能基金會
Computer Skills Foundation 編著

全華圖書股份有限公司 印行

一、本書內容

◆ 第一章 TQC+ 專業設計人才認證說明：
介紹 TQC+ 認證架構與證照優勢，以及如何報名。

◆ 第二章 領域及科目說明：
介紹該領域認證架構與認證測驗對象及流程。

◆ 第三章 範例題目練習系統安裝及操作說明：
教導使用者安裝操作本書所附的範例題目練習系統。

◆ 第四章 電腦輔助平面製圖範例題目：
可供讀者依學習進度做平常練習及學習效果評量使用。本書範例題目
內容為認證題型與命題方向之示範，正式測驗試題不以範例題目為限。

◆ 第五章 測驗系統操作說明：
介紹 TQC+ 工程設計領域電腦輔助平面製圖 AutoCAD 2014 認證之模
擬測驗操作與實地演練，加深讀者對此認證的瞭解。

◆ 第六章 範例試卷：
含範例試卷三回，可幫助讀者作實力總評估。

本書章節如此的編排，希望能使讀者儘速瞭解並活用本書，進而通過 TQC+
的認證考試。

二、本書適用對象

◆ 學生或初學者。
◆ 準備受測者。
◆ 準備取得 TQC+ 專業設計人才證照者。

三、本書使用方式

　　請依照下列的學習流程,配合本身的學習進度,使用本書之題目進行練習,從作答中找出自己的學習盲點,以增進對該範圍的瞭解及熟練度,最後進行模擬測驗,藉以評估自我實力是否可以順利通過認證考試。

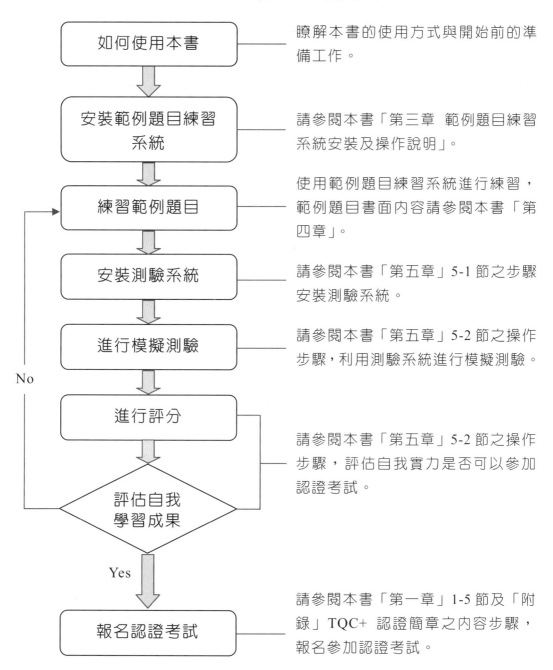

如何使用本書	瞭解本書的使用方式與開始前的準備工作。
安裝範例題目練習系統	請參閱本書「第三章　範例題目練習系統安裝及操作說明」。
練習範例題目	使用範例題目練習系統進行練習,範例題目書面內容請參閱本書「第四章」。
安裝測驗系統	請參閱本書「第五章」5-1 節之步驟安裝測驗系統。
進行模擬測驗	請參閱本書「第五章」5-2 節之操作步驟,利用測驗系統進行模擬測驗。
進行評分 / 評估自我學習成果	請參閱本書「第五章」5-2 節之操作步驟,評估自我實力是否可以參加認證考試。
報名認證考試	請參閱本書「第一章」1-5 節及「附錄」TQC+ 認證簡章之內容步驟,報名參加認證考試。

軟硬體需求

　　使用本書光碟提供之「TQC+ 認證範例題目練習系統電腦輔助平面製圖 AutoCAD 2014」、「TQC+ 認證測驗系統-Client 端程式」，所需要的軟硬體需求如下：

一、硬體部分

- 處理器：支援 SSE2 技術的 Intel Pentium 4 或 AMD Athlon 雙核處理器（3.0 GHz 或更高）

- 記憶體：2GB（含）以上

- 硬　碟：安裝完成後須有 6 GB 以上剩餘空間

- 鍵　盤：標準 AT 101 鍵或 WIN95 104 鍵

- 滑　鼠：標準 PC 或 MS Mouse

- 螢　幕：具有 1024*768 像素解析度以上的顯示器

- DVD 光碟機：4 倍速以上

二、軟體部分

- 作業系統：Microsoft Windows XP Professional SP3、Microsoft Windows 7、Microsoft Windows 8 的 32 位元或 64 位元之中文版。

- 應用軟體：AutoCAD 2014。

- 系統設定：Microsoft Windows XP Professional、Microsoft Windows 7、Microsoft Windows 8 中文版安裝後之初始設定。中文字形為系統內建細明體、新細明體、標楷體，英文字體為系統首次安裝後內建之字形。

商標及智慧財產權聲明

商標聲明

- ◆ CSF、TQC、TQC+ 和 ITE 是財團法人中華民國電腦技能基金會的註冊商標。

- ◆ AutoCAD 是 Autodesk 公司的註冊商標。

- ◆ Microsoft Windows 是 Microsoft 公司的註冊商標。

- ◆ 本書或光碟中所提及的所有其他商業名稱，分別屬各公司所擁有之商標或註冊商標。

智慧財產權聲明

光碟片使用說明

為了提高學習成效，在本書隨附的光碟中特別提供「TQC+ 認證範例題目練習系統 電腦輔助平面製圖 AutoCAD 2014」及「TQC+ 認證測驗系統-Client端程式」，您可由 Autorun 的畫面上直接點選並安裝上述系統。

「TQC+ 認證範例題目練習系統」提供電腦輔助平面製圖 AutoCAD 2014 測驗題第一至廿類共計 563 餘道題目，操作題第一至六類共計 60 道題目。

「TQC+ 認證測驗系統-Client 端程式」提供三回電腦輔助平面製圖 AutoCAD 2014 測驗的範例試卷。

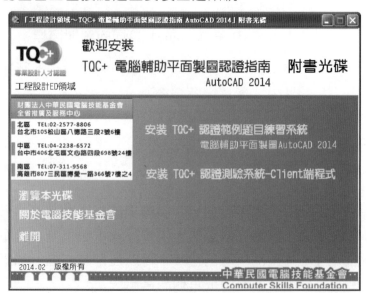

本光碟可自動 Autorun 啟動，若無法啟動，請以檔案總管點選光碟機:\Autorun.exe。您亦可採自行安裝之方式，各系統 Setup.exe 程式所在路徑如下：

- ◆ 安裝「TQC+ 認證範例題目練習系統 電腦輔助平面製圖 AutoCAD 2014」：
  光碟機:\ TQCP2012CAI_AT4_Setup.exe

- ◆ 安裝「TQC+ 認證測驗系統-Client 端程式」：
  光碟機:\ T3 ExamClient 單機版 setup.exe

- ◆ 瀏覽本光碟

希望這樣的設計能給您最大的協助，您亦可藉由 Autorun 畫面的「關於電腦技能基金會」選項，或進入 http://www.csf.org.tw 網站得到關於基金會更多的訊息！

序

　　根據調查，名列《財星》千大的頂尖企業，普遍借助 AutoCAD 軟體，進行創意設計的視覺化處理，實體性能之模擬與分析，節省大量的時間與成本、提高產品品質。此次 Autodesk 公司最新發佈的 AutoCAD 2014，又一次的劃時代之作，保留前一版本友善與便捷的操作介面，更有許多針對全球 AutoCAD 使用者的需求建議所加入的新指令及強化功能。

　　電腦輔助製圖是各行各業進行電腦化設計、製造過程中，必備的基本專業技能。本會開辦之 AutoCAD 各版本認證，均能精確地驗證考生專業能力，除了在業界廣受好評外；也於目前通過「教育部技專校院師生取得民間職業能力證書採認執行計畫」的評鑑與推薦。因此，有志從事相關行業之人員，均以取得本證照作為學習與訓練目標。

　　創新設計的需求，帶動電腦輔助製圖軟體之快速進步，AutoCAD 版本也不斷地推陳出新，本會在最短的時間內聚集專家學者與產業代表，完成 AutoCAD 2014 技能規範之修訂及試題之命製與測試，並推出 AutoCAD 2014 認證，讓學習者有依循目標、讓業界用才有明確標準。

　　AutoCAD 2014 屬於「TQC⁺ 工程設計領域」認證，所以除了將電腦輔助製圖必備的知識和指令，融合到測驗題中；操作題除了基本的幾何圖面，更包括玩具&生活用品應用、機械設計應用、建築&室內設計應用，取材廣泛、應用實務。為幫助讀者掌握技能認證重點，本會出版「TQC⁺ 電腦輔助平面製圖認證指南 AutoCAD 2014」乙書。讀者若能充份運用本書，依照學習課程的範圍和進度，反覆練習本書所附之測驗題及操作題分類範例題目，必能掌握電腦輔助製圖的精髓，奠定堅實的學習基礎。除此之外，本會特別邀請 AutoCAD 業界的培訓名師吳永進、林美櫻老師編撰「TQC⁺ AutoCAD 2014 特訓教材-基礎篇」乙書，此一系列教材造就許多 AutoCAD 高手，在此推薦給讀者作為自學教材或工具書之參考。

大學錄取率年年攀高，大學文憑逐漸普及，證照取而代之成為各行各業聘雇人員專業能力之重要參考依據，代表「證照時代已經來臨！」建議讀者在經過一段時間的學習之後，報考並取得「工程設計領域」的電腦輔助平面製圖（AutoCAD）證照，為您的職場生涯加分！

財團法人中華民國電腦技能基金會

董事長　　侯清雄

秘書長　　杜全昌

目 錄

第一章　TQC+ 專業設計人才認證說明

第二章　領域及科目說明

第三章　範例題目練習系統安裝及操作說明

第四章　電腦輔助平面製圖範例題目

第五章　測驗系統操作說明

第六章　範例試卷

附錄

1 Chapter

TQC+
專業設計人才認證說明

1-1　TQC+ 專業設計人才認證介紹

一、新時代的挑戰

　　知識經濟與文創產業的時代，在媒體推波助瀾下鋪天捲地來臨，各產業均因此產生結構性的變化。在這個浪潮中，「設計」所帶來的附加價值與影響也日趨明顯。相同功能的產品，可以藉由精緻的外型設計讓銷售數字脫穎而出，性質相近的網站，也可以透過優良的介面設計與美工畫面，讓使用者持續不斷的湧入。因此，提升台灣產業界人才之設計能力，是當今最迫切的需求。優秀而充足的人力是企業提升設計能力的根基，但是該如何在求職人選中，篩選出具有「設計」能力的應徵者，卻是一件艱困的任務。

二、「設計」人才的誕生

　　財團法人中華民國電腦技能基金會，自 1989 年起即推動各項資訊認證，提供產業界充足的資訊應用人才，舉凡數位化辦公室各項能力，均為認證之標的項目。由於電腦技能發展至今，已從單純的輔助能力，變成了許多專業領域的必備職能，本會身為台灣民間最大專業認證單位，提供產業界符合新時代的專業人才，自是責無旁貸，因此著手推動「TQC+ 專業設計人才認證」。

三、知識為「體」，技能為「用」

　　TQC+ 專業設計人才認證的理念，是以「專業設計領域任職必備能力」為認證標準，分析各職務主要負責的業務與能力需求後，透過產官學研各界專家建構出該職務的「知識體系」與「專業技能」認證項目。知識體系是靈魂骨幹，提供堅強的理論基礎，專業技能則是實務應用，使之在工作上達成設計目標並產出實際之設計成品，兩者缺一不可。

四、架構完整，切合需求

　　TQC+ 專業設計人才認證除了協助企業有效篩選人才之外，同時也規劃了完整的學習進程與教材，提供了進入職場專業領域的學習方向。認證科目之間互相搭配，充分涵蓋核心知識體系與專業技能，期能藉由嚴謹的認證職能體系規劃與專業完善的考試服務，培育出符合企業需要的新時代「設計」人才！

1-2　TQC+ 專業設計人才認證內容

1-2-1　認證領域

　　TQC+ 認證依照職場人才需求趨勢，規劃出五大領域認證，包含：「建築設計 AD 領域」、「電路設計 CD 領域」、「工程設計 ED 領域」、「軟體設計 SD 領域」、「視傳設計 VD 領域」。各領域介紹及人員別如下：

　　「建築設計 AD 領域」追求的是滿足建築物的建造目的。包括環境角色的要求、使用功能的要求、視覺感受的要求等，在技術與經濟等方面可行的條件下，利用具體的建築材料，配合建物當地的歷史文化、景觀環境等，形成具有象徵意義的產物。常見的建築設計包括了建築外觀設計、空間規劃、室內裝修、都市計畫等。

　　「電路設計 CD 領域」發展歷史雖短，在電子產品快速發展的今天，已成為設計領域不可或缺的一環。電路賦予電子產品許多的功能。小至每天接觸的手機、數位相機、電子遊樂器，大至汽車中央控制電腦、自動化工廠設備等，只要有電子產品的地方，都會有電路。常見的電路設計包括積體電路設計、類比電路設計等。

　　「工程設計 ED 領域」主要的方向為各項產品的外型與線條，同時需考慮到產品使用時的人體工學與實用度。更深一層來說，還必須考量到產品的生產流程、材料選擇以及產品的特色等。工程設計領域的專業人員必須引導產品開發的整個過程，藉由改善產品的可用性，來增加產品的附加價值、減低生產成本、並提高產品的形象。

　　「軟體設計 SD 領域」專注的是依照規格需求，開發能解決特定問題的程式。軟體設計通常以某種程式語言為工具，並與各種資料庫進行搭配。軟體設計過程有分析、設計、編碼、測試、除錯等階段，開發的過程中也需要注意程式的結構性、可維護性等因素。常見的軟體設計包含作業系統設計、應用程式設計、資料庫系統設計、使用者介面設計與系統配置等。

　　「視傳設計 VD 領域」著重的是藝術性與專業性，透過視覺傳遞的溝通方式，傳達出作者想提供的訊息。設計者以不同方式來組合符號、圖片及文字，利用經過整理與排列的字體變化、完整的構圖與版面安排等專業技巧，創作出全新的感官意念。常見的視傳設計包括了廣告、產品包裝、雜誌書籍及網頁設計等。

1-2-2 TQC+ 職務能力需求描述

在 TQC+ 專業設計領域中，我們依照職務能力需求的不同，訂定出甲級與乙級能力需求描述，做為認證規劃的標準。甲級的標準相當於 3 年以上專業領域工作經驗，可獨當一面進行各項任務，並具備該領域指導與規劃的整合能力；乙級的標準則是相當於 1 至 2 年工作經驗，或經過專業訓練欲進入該領域工作之人員，具備該領域就職必備能力，能配合其他人員進行各項任務。詳細說明請參閱下表：

 職務能力需求描述表

甲級--設計師/工程師能力需求

- 相當於 3 年以上專業領域工作經驗
- 具備該領域之獨立工作能力
- 具備該領域之整合、規劃及指導能力

乙級--專業人員能力需求

- 相當於 1 至 2 年工作經驗，或經過專業訓練欲進入該專業領域工作之人員
- 具備該領域就職必備能力
- 能接受設計師/工程師指示，與其他專業人員共同作業

1-3　TQC+ 專業設計人才認證優勢

1-3-1　完整齊備的認證架構

擁有整合知識體系與專業技能的認證架構

　　TQC+ 認證技能規範內容，由本會遴聘該領域產官學研各界專家，組成規範制定委員會，依照各種專業設計人才的職能需求，訂定出符合企業主期待的能力指標。內容不但引導了知識體系的建立，加強了應考人的本質學能，同時也兼顧了專業技能的使用，以實務需求為導向，評測出應考人的應用能力水準。知識為「體」，技能為「用」，孕育出最合業界需求的專業設計人才！

1-3-2　貼近實務的認證方法

提供最貼近實際應用環境，獨一無二的認證系統

　　為了能提供應考人最接近實際使用環境的認證考試，TQC+ 認證採用兩種考試方式組合來進行。第一種方式為測驗題模式，主要應用於知識體系的考試科目。題型內容包含單選題與複選題，應考人使用專屬之認證測驗系統，以滑鼠填答操作應試；第二種方式則為操作題模式，應考人可「直接使用各領域專業軟體」，如 Eclipse 等，依照題目指示完成作答，再根據考科特性以電腦評分或委員評分方式進行閱卷。實作題模式與坊間其他以「模擬軟體操作」為考試方式的認證有顯著的區別，可提供最符合實際工作狀況的認證考試。

1-3-3　最具公信的認證機構

由台灣民間最大專業認證機構辦理，累計 450 萬人次考生的肯定

　　民國 78 年 8 月本會承蒙行政院科技顧問組、中華民國全國商業總會、財團法人資訊工業策進會和台北市電腦商業同業公會熱心資訊教育的四個單位，共同發起創立本非營利機構，致力於資訊教育和社會資訊化的推廣。二十幾年來，藉辦理各項電腦認證測驗、競賽等相關活動，促使大家熱於應用電腦技能；並本著「考用合一」的理念，制訂實務導向的認證標準，提供各界量才適所的客觀依據。累積多年的認證舉辦經驗，目前已成為全台民間最大之專業認證單位，每年參測人數達 25 萬人次。累計超過 450 萬名考生的肯定，是 TQC+ 專業設計人才認證最大的品質後盾！

1-4　企業採用 TQC+ 證照的三大利益

　　企業的作戰力來自人才，精明卓越的將帥，需要機動靈活、士氣高昂、戰技優良的團隊。在此一競爭具變遷激烈的資訊化時代下，電腦技能已經是不可或缺的一項現代化戰技，而且是越多元化、越紮實化越佳。TQC+ 專業設計人才認證可以讓企業確保其員工擁有達到相當水準之專業領域職能。經由這項認證進行人才篩選，企業至少可以獲得以下三項利益：

一、提高選才效率、降低尋人成本

　　讓專業領域設計能力成為應徵者必備的職能，憑藉 TQC+ 專業設計人才認證所頒發之證書，企業立即瞭解應徵者專業領域職能實力，可以擇優而用，無須再花時間及成本驗證，選才經濟、迅速。求職者在投入工作前，即具備可以獨立作業的專業技能，是每一位老闆的最愛。

二、縮短職前訓練、儘快加入戰鬥團隊

　　企業無須再為安排職前訓練傷神，可以將舊有之職前訓練轉化為更專注於其他專業訓練，或者縮短訓練時間，讓新進同仁邁入「做中學」另一階段的在職訓練，大大縮短人才訓練流程，全心去面對激烈的新挑戰。對企業來說，更可直接地降低訓練成本。

三、如虎添翼、戰力十足

　　新進同仁因為具備領域職能必備能力，專業才華更能淋漓盡致地發揮，不僅企業作戰效率提昇，員工個人工作成就感也得以滿足。同時，企業再透過在職進修的鼓勵，既可延續舊員工的戰力，更進一步地刺激其不斷向上的新動力。對企業體、對員工而言可說是一舉數得。

1-5　如何參加 TQC+ 考試

一、瞭解個人需求

在規劃參加認證，建議先評估個人生涯規劃與興趣，選擇適合的專業領域進入。您可以參考 TQC+ 認證網站的各領域職務說明，或是詢問已在該領域任職的親友之意見，作為您規劃的參考。提醒您專業是需要累積的，正所謂「滾石不生苔」！沒有好的規劃容易造成學習時間與職涯的浪費。

二、學習與準備

選擇好了專業領域，接下來進入的就是學習與準備的階段。如果想採自學的方式進行，本會為考生出版了一系列參考書籍，考生可至 TQC+ 認證網站查詢各科最新的教材與認證指南。若考生對自己的準備沒有十足把握，則可選擇電腦技能基金會散布全國之授權訓練中心參加認證課程，一般課程大多以一個月為期。此外，本會亦和大專院校合作，於校內推廣中心開設認證班，考生可就近向與本會合作的大專院校推廣中心或與本會北中南三區推廣中心聯繫詢問。

三、選擇考試地點

凡持有「TQC 授權訓練中心（TATC）」字樣，並由本會頒發授權牌的合格訓練中心，才是本會授權、認證的單位。凡參加授權訓練中心的考生，於課程結束時，該中心會協助安排考生參加考試。若採自行報名考試者，可直接至 TQC+ 認證網站，進入線上報名系統，選擇就近的認證中心，以及認證科目與時間。

四、取得證書

通過單科認證者，本會將於一個月後寄發 TQC+ 合格證書：若通過科目符合人員別發證標準，則可申請人員別證書，凡取得證書者，均代表該應考人專業技術與應用能力已獲得第三公證單位之認可。

五、求職時主動出示 TQC+ 證書

在求職的過程中，除了在自傳或履歷表中闡述自己的理想、抱負之外，建議同時出示 TQC+ 證書，將更能突顯本身之技能專長、更容易獲得企業青睞。因為證書代表的不僅是個人的專業，更表現出持證者的那份用心和行動力。

六、以 TQC+ 證書為未來職務加分

在職場中您除了專注提升工作表現外，可適時對主管表達您已取得 TQC+ 專業證書。除了證明您的專業程度已符合該職務的職能標準，同時也表現您對此項職務的企圖心，可加深主管對您的優良印象。未來若有適當的升遷機會，具有專業能力與企圖心的您當然是不二人選！

心 得 筆 記

2

Chapter

領域及科目說明

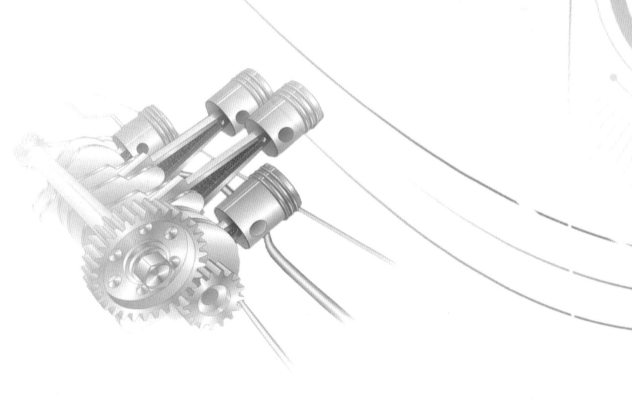

2-1　領域介紹-工程設計領域說明

　　TQC+ 認證依各領域設計人才之專業謀生技能為出發點，根據國內各產業專業設計人才需求，依其工作職能及核心職能，規劃出各項認證測驗。

　　在工程設計領域中，本會經過調查分析最普遍的工作職稱，根據各專業人員之職務不同，彙整出相對應之工作職務（Task），以及執行這些工作職務所需具備之核心職能（Core Competency）與專業職能（Functional Competency），規劃出幾項專業設計人員，分別為：「工程製圖專業人員」、「零件設計專業人員」、「機械設計專業人員」、「產品設計專業人員」、「模具設計專業人員」等，詳細內容如下表所列：

專業 人員別	工作職務 （Task）	核心職能 （Core Competency）	專業職能 （Functional Competency）
工程製圖 專業人員	1. 製作詳細設計圖 2. 檢閱規格、草圖、藍圖 3. 設計數學運算程式 4. 修改設計缺點 5. 機械專業知識 6. 圖面整理與標示尺寸	1. 工程圖學與識圖能力 2. 機械製圖能力	1. 電腦輔助平面製圖能力 2. 電腦輔助立體製圖能力
零件設計 專業人員	1. 新圖面審核製作 2. 製作詳細設計圖及說明 3. 機械專業知識 4. 修改設計缺點 5. 零件品設計 6. 圖面整理與標示尺寸	1. 工程圖學與識圖能力 2. 機械製圖能力	1. 電腦輔助平面製圖能力 2. 基礎零件設計能力

機械設計 專業人員	1. 機械設計原理 2. 材料測試與選用 3. 繪製設計圖面 4. 裝配設計與組立 5. 設計數學運算程式 6. 繪製零件圖、組立圖、工程圖	1. 工程圖學與識圖能力 2. 機械製圖能力	1. 電腦輔助平面製圖能力 2. 基礎零件設計能力 3. 實體設計能力
產品設計 專業人員	1. 工程計算與驗證 2. 產品外型設計 3. 繪製零件圖面 4. 繪製零件圖、組立圖、工程圖 5. 設計數學運算程式 6. 裝配設計與組立 7. 繪製設計圖面 8. 材料測試與選用	1. 工程圖學與識圖能力 2. 機械製圖能力	1. 基礎零件設計能力 2. 實體設計能力 3. 進階零件及曲面設計能力
模具設計 專業人員	1. 專案模具設計 2. 工程設計 3. 繪製零件圖、組立圖、工程圖 4. 模具 3D 拆模 5. 設計變更 6. 裝配設計與組立 7. 繪製設計圖面 8. 設計數學運算程式	1. 工程圖學與識圖能力 2. 機械製圖能力	1. 基礎零件設計能力 2. 實體設計能力 3. 模具設計能力

　　本會根據上述各專業職務之工作職務（Task），以及核心職能（Core Competency）、專業職能（Functional Competency），規劃出每一專業人員應考內容，分為「知識體系（學科）」，以及「專業技能（術科）」二大部分。其中第一部分「知識體系（學科）」每一專業人員均須選考，應考科目為「工程圖學與機械製圖」。第二部分「專業技能（術科）」則依專業人員之不同，規劃各相關考科，請參閱下圖「TQC+ 專業設計人才認證 工程設計領域 認證架構」：

知識體系 認證科目	專業技能 認證科目	專業設計人才 證書名稱
工程圖學 與 機械製圖	電腦輔助平面製圖 電腦輔助立體製圖	TQC+ 工程製圖專業人員
	電腦輔助平面製圖 基礎零件設計	TQC+ 零件設計專業人員
	電腦輔助平面製圖 實體設計	TQC+ 機械設計專業人員
	基礎零件設計 實體設計 進階零件及曲面設計	TQC+ 產品設計專業人員
	基礎零件設計 實體設計 *模具設計	TQC+ 模具設計專業人員

*為開發中

2-2　電腦輔助平面製圖認證說明

此次「電腦輔助平面製圖認證 AutoCAD 2014」係為 TQC+ 工程設計領域之專業平面製圖能力鑑定。亦為考核工程製圖專業人員必備專業技能之一，以工程圖學與機械製圖及電腦輔助平面製圖之專業能力作為基礎，再與其工程設計專業技能接軌，藉此為企業提升專業設計人才之層次，增廣應用實務。

2-2-1　認證對象

TQC+ 電腦輔助平面製圖認證 AutoCAD 2014 之測驗對象，為從事工程設計相關工作 1 至 2 年之社會人士，或是受過工程設計領域之專業訓練，欲進入該領域就職之人員。

2-2-2　預備知識

欲報名參加本項認證之人員，建議須具備以下專業技能：

一、機械製圖基本知識和能力。
二、工程圖學基本知識和能力。
三、AutoCAD 2014 環境設定、2D 繪製和查詢的操作經驗。

2-2-3　認證流程

為使讀者能清楚有效地了解整個實際認證之流程及所需時間。請參考以下之「認證流程圖」。請搭配「5-2 測驗操作程序範例」一節內的實際範例，以充分瞭解本項認證流程。

認證流程圖

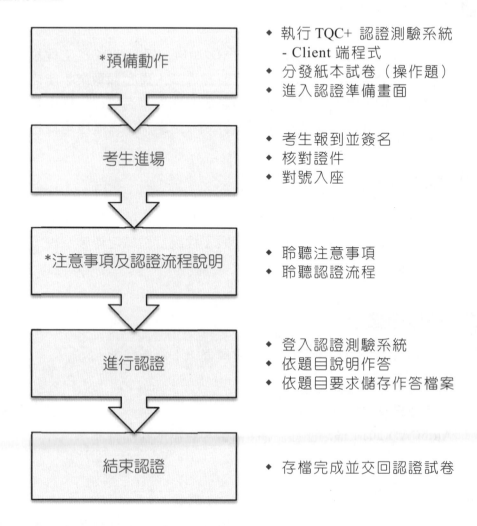

*預備動作	◆ 執行 TQC+ 認證測驗系統 - Client 端程式 ◆ 分發紙本試卷（操作題） ◆ 進入認證準備畫面
考生進場	◆ 考生報到並簽名 ◆ 核對證件 ◆ 對號入座
*注意事項及認證流程說明	◆ 聆聽注意事項 ◆ 聆聽認證流程
進行認證	◆ 登入認證測驗系統 ◆ 依題目說明作答 ◆ 依題目要求儲存作答檔案
結束認證	◆ 存檔完成並交回認證試卷

* 標註該處，表示由監考人員執行

3

範例題目練習系統
安裝及操作說明

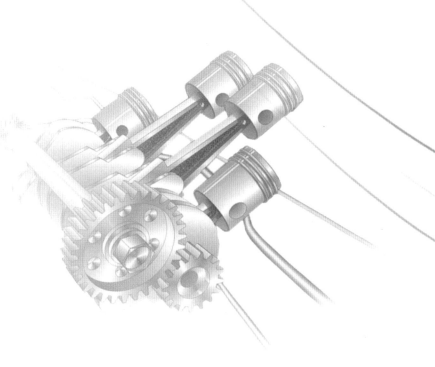

3-1 範例題目練習系統安裝流程

步驟一： 執行附書光碟，選擇「安裝 TQC+ 認證範例題目練習系統 電腦輔助平面製圖 AutoCAD 2014」開始安裝程序。

（或執行光碟中 TQCP2012CAI_AT4_Setup 檔案）

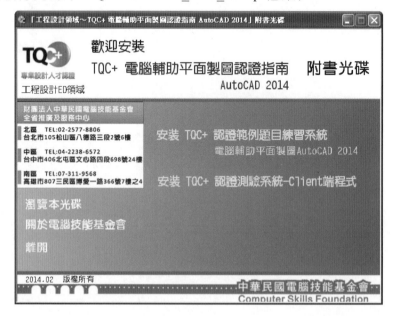

步驟二： 在詳讀「授權合約」後，若您接受合約內容，請按「接受」鈕繼續安裝。

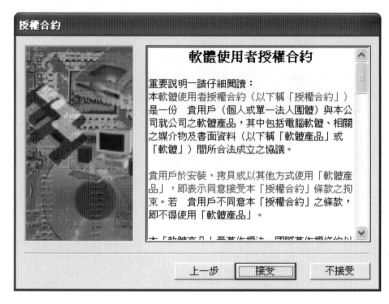

步驟三： 輸入「使用者姓名」與「單位名稱」後，請按「下一步」鈕繼續安裝。

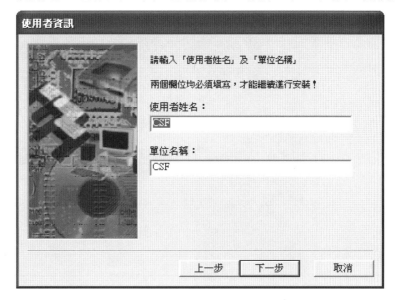

步驟四： 可指定安裝磁碟路徑將系統安裝至任何一台磁碟機，惟安裝路徑必須為該磁碟機根目錄下的《TQCP2012CAI.csf》資料夾。安裝所需的磁碟空間約 70.0MB。

步驟五：　本系統預設之「程式集捷徑」在「開始/所有程式」資料夾第一層，
　　　　　名稱為「TQC+ 認證範例題目練習系統」。

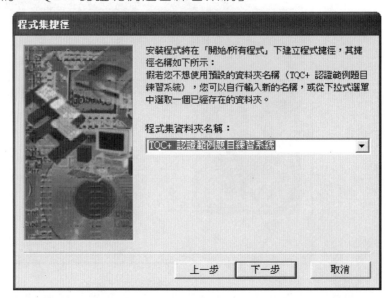

步驟六：　安裝前相關設定皆完成後，請按「安裝」鈕，開始安裝。

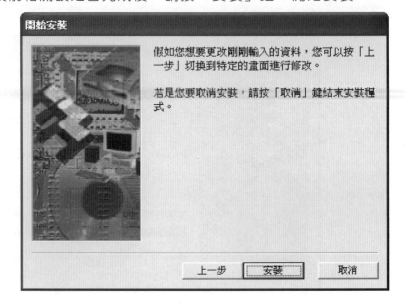

步驟七： 安裝程式開始進行安裝動作，請稍待片刻。

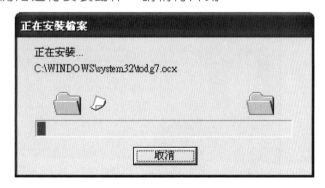

步驟八： 以上的項目在安裝完成之後，安裝程式會詢問您是否要進行版本的更新檢查，請按「下一步」鈕。建議您執行本項操作，以確保「TQC+ 認證範例題目練習系統（工程設計 ED 領域 電腦輔助平面製圖 AutoCAD 2014）」為最新的版本。

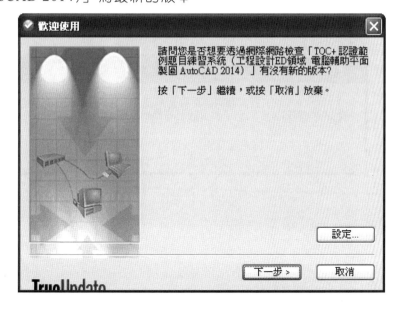

步驟九： 接下來進行線上更新，請按下「下一步」鈕。

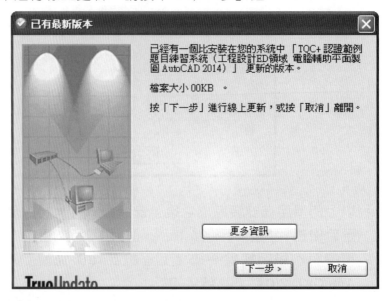

步驟十： 更新完成後，出現如下訊息，請按下「確定」鈕。

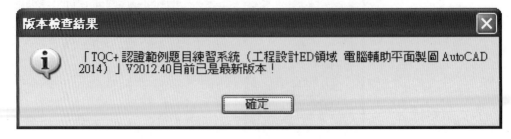

步驟十一：完成「TQC+ 認證範例題目練習系統（工程設計 ED 領域 電腦輔
　　　　　助平面製圖 AutoCAD 2014）」更新後，請按下「關閉」鈕。

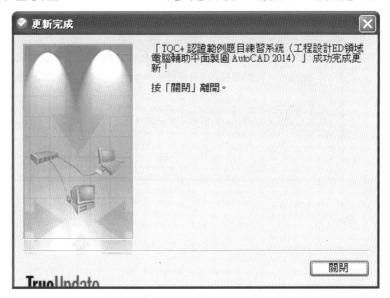

步驟十二：安裝完成！您可以透過提示視窗內的客戶服務機制說明，取得關
　　　　　於本項產品的各項服務。按下「完成」鈕離開安裝畫面。

步驟十三：安裝完成後，系統會提示您必須重新啟動電腦，請務必按下「確定」鈕重新啟動電腦，安裝的系統元件方能完成註冊，以確保電腦評分結果之正確性。

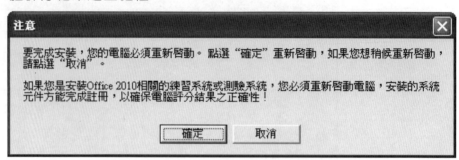

3-2　範例題目練習系統操作程序

一、 本項認證測驗題之練習流程，如下圖所示：

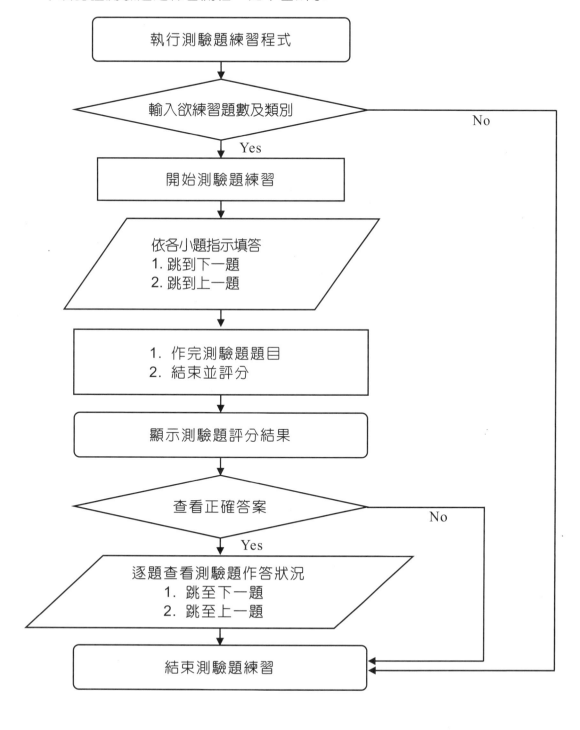

二、 詳細的操作步驟及系統畫面，說明如下：

步驟一： 執行「開始/所有程式/TQC+ 認證範例題目練習系統/ TQC+ 認證範例題目練習系統」程式項目。

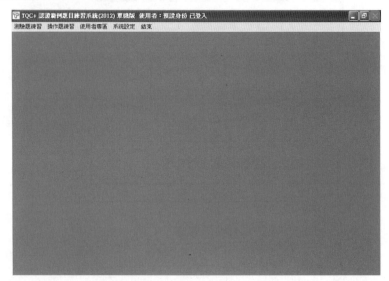

步驟二： 點選左上方「測驗題練習」，選擇「電腦輔助平面製圖-AutoCAD2014」科目。

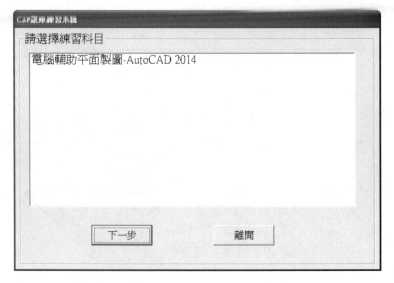

步驟三：　輸入欲練習題數，最少 1 題，最多 563 題。於前方勾選核取方塊，
　　　　　選擇欲練習類別（第 1 至第 20 類）。

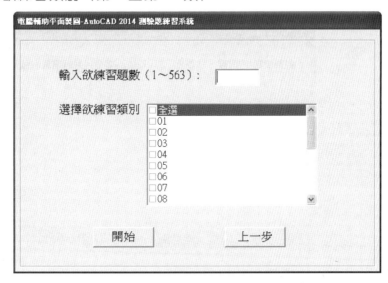

步驟四：　確認輸入資料無誤後，請按「確定」鈕開始進行測驗題練習。

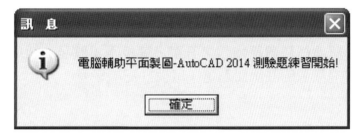

步驟五：　請依照測驗題練習系統指示逐題作答，可利用「下一題」及「上一題」進行作答題目之切換。

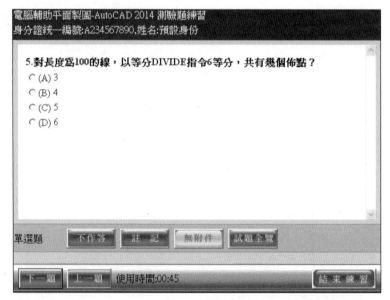

每一道題目均會提示為單選題（以選鈕表示）或複選題（以核取方塊表示）。若對某一題先前之輸入答案沒有把握，可按下「不作答」鈕清除該題原輸入之答案，或按下「註記」鈕將該題註記（如欲取消該題的註記即點選「取消註記」鈕）。

步驟六： 按下「試題全覽」鈕，即出現「試題全覽」窗格，除了以不同顏色
顯示未作答、已作答及考生註記的題目之外，也可點選該題號前往
該題。

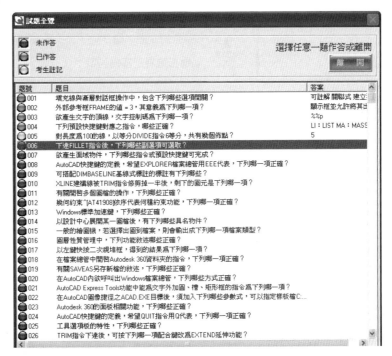

步驟七： 若提早做答完成，請確認作答無誤後，可按下測驗系統右下角之「結
束練習」選項。此時系統會再次提醒您確認是否要結束練習，按「是」
鈕，會結束測驗題練習。

步驟八：　評分結果會顯示在對話方塊上，按下「是」時，可逐題查看各題作
　　　　　答狀況。

步驟九：　利用「下一題」、「上一題」及「正確答案」的提示，藉以瞭解自己
　　　　　在哪些部分必須再作加強。按下「離開」即結束本次測驗題的練習。

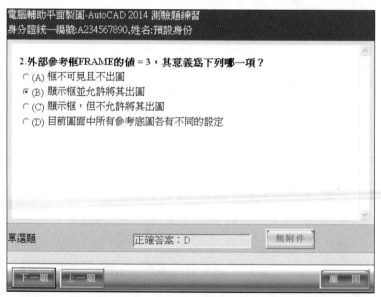

❖註：　1. 本系統在進行系統更新之後，系統內容與畫面可能有所變更，此
　　　　　為正常情形請放心使用！
　　　　2. 此項為供使用者練習與自我評核之用，正式考試的畫面顯示會有
　　　　　所差異。

三、 本項認證操作題之練習流程，如下圖所示：

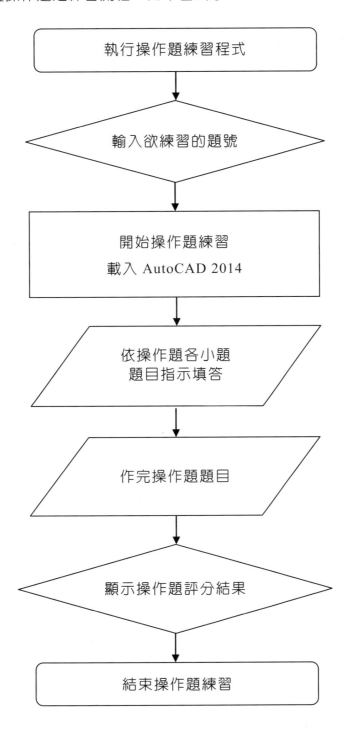

四、 詳細的操作步驟及系統畫面，說明如下：

步驟一： 執行「開始/所有程式/TQC+ 認證範例題目練習系統/ TQC+ 認證範例題目練習系統」程式項目。

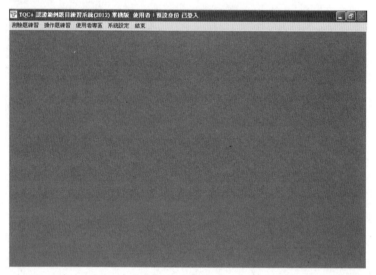

步驟二： 點選左上方「操作題練習」，選擇「電腦輔助平面製圖-AutoCAD 2014」科目。

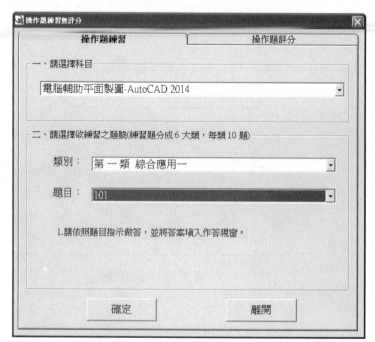

步驟三： 接著請依欲練習的題號，參考第四章操作題範例題目的內容，開啟
AutoCAD 2014 程式，並繪製題目圖面求取各問題的答案值。

步驟四： 請將各題求取的答案值，填入作答視窗中。

步驟五： 按下「結束練習」後，會出現確認訊息，若要再次確認先前之答案
可按「否」，若不需確認請按「是」以結束練習。

步驟六: 按下「是」選項,即可進行本回評分,結果會顯示在「練習結果」
中,每小題配分均為 20 分,總分共計 100 分。

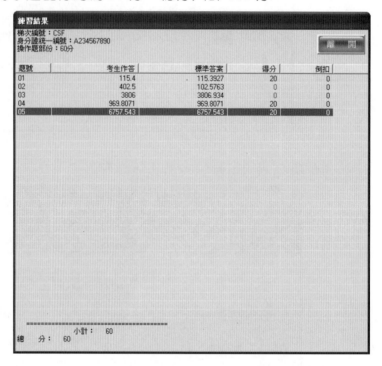

4

Chapter

電腦輔助平面製圖
範例題目

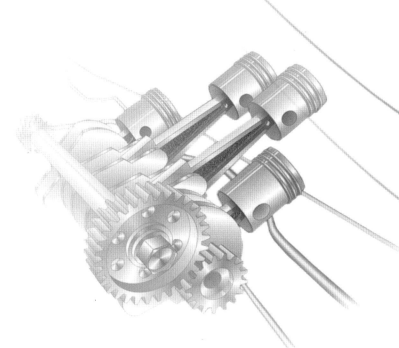

4-1 測驗題技能規範及分類範例題目

類　別	技　能　內　容
第　一　類	AutoCAD 基本環境認知&設定能力
	1. 作業平台、系統需求與安裝 2. 滑鼠功能、圖紙大小 3. 檔案分類、捷徑設定 4. 座標系統、環境選項
第　二　類	AutoCAD 功能鍵、快捷鍵&物件鎖點操作能力
	1. 物件鎖點代號 2. 常用標準快捷鍵 3. 重要功能鍵
第　三　類	AutoCAD 檔案服務&公共指令設定能力
	1. 檔案的開啟、建立與儲存 2. 數位識別標誌、密碼設定 3. 圖面範圍、單位設定 4. 圖檔修護、清除 5. 檔案匯出、電子傳送
第　四　類	AutoCAD 繪圖操作能力
	1. 繪圖操作：線、建構線、聚合線、正多邊形、矩形、雲形線、圓、弧、橢圓 2. 特殊控制：等分、等距、邊界、修訂雲形 3. 特殊追蹤：極座標追蹤、物件鎖點追蹤

類　別	技　能　內　容
第　五　類	**AutoCAD 編輯控制操作能力**
	1. 物件選取、預覽選取控制 2. 編輯控制：刪除、移動、複製、偏移複製、修剪、延伸、圓角、倒角、旋轉、比例、切斷、拉伸、陣列、調整長度 3. 特殊編輯：對齊、分解、複製性質、結合、回復、重做 4. 掣點模式編輯控制
第　六　類	**AutoCAD 關聯式陣列&特殊編修能力**
	1. 關聯式陣列：矩形、環形、路徑 2. 編輯聚合線、編輯雲形線、編輯複線 3. 進階分解控制 4. 面域、布林運算（聯集、差集、交集） 5. 質量性質、顯示順序
第　七　類	**AutoCAD 顯示控制&查詢操作能力**
	1. 顯示控制：縮放、平移 2. 視圖視埠：視圖、鳥瞰視圖、視埠控制 3. 查詢控制：距離、面積、長度、周長、半徑、直徑 4. 特殊查詢：質心、面積加減、座標、單位精確度 5. 工作區管理
第　八　類	**AutoCAD 文字註解&表格設定能力**
	1. 單行文字建立、多行文字建立 2. 文字控制碼、堆疊字元 3. 字型設定、多行文字編輯器 4. 文字編輯、文字比例、文字對正 5. 表格建立、表格型式管理、表格匯出、表格編輯 6. 功能變數

類　別	技　能　內　容
第　九　類	**AutoCAD 填充線、填實&遮蔽操作能力**
	1. 填充線建立與編輯
	2. 漸層建立與控制
	3. 孤立物件偵測、間隙公差設定
	4. 遮蔽物件的建立、轉換、顯示控制
第　十　類	**AutoCAD 物件相關資料設定能力**
	1. 圖層建立與特性（關閉、凍結、鎖護、不出圖）
	2. 圖層狀態管理、圖層性質管理、線型管理員
	3. 點型式、粗細線設定
	4. 更名
	5. 圖層轉換對映
	6. 特殊圖層控制：圖層 II、圖層漫遊、圖層隔離
第十一類	**AutoCAD 插入物件&動態圖塊相關操作能力**
	1. 圖塊建立與特性
	2. 插入圖塊，多重插入圖塊
	3. 外部參考：插入、併入、截取、編輯
	4. 影像控制：插入、截取、調整、儲存
	5. 圖塊編輯器的基本控制
	6. 圖塊編輯器的參數與動作控制
第十二類	**AutoCAD 尺寸標註設定能力**
	1. 標註型式管理控制
	2. 線性標註、對齊標註、半徑標註、直徑標註、角度標註
	3. 快速標註、基線式標註、連續式標註
	4. 座標式標註、弧長標註、標註編輯、半徑轉折
	5. 標註快顯功能表、標註空間、標註切斷、標註檢驗
	6. 多重引線的加入、移除、對齊與收集

類　別	技　能　內　容
第十三類	**AutoCAD 配置&出圖設定能力** 1. 模型空間作圖的控制 2. 配置與圖紙空間的控制 3. 視埠的建立與控制 4. 頁面設置、出圖型式表 5. 出圖戳記、比例清單 6. 發佈出圖與批次出圖
第十四類	**AutoCAD 重要變數設定能力** 1. 整體控制、輔助框控制、對話框控制相關變數 2. 作圖輔助控制相關變數 3. 圖層、顏色與線型控制相關變數 4. 十字游標與點型式控制相關變數 5. 物件構成控制、文字控制相關變數 6. 特殊控制相關變數
第十五類	**設計中心、工具選項板&性質選項板** 1. AutoCAD 設計中心控制 2. 工具選項板控制 3. 性質選項板控制
第十六類	**Express Tools 增強工具操作能力** 1. 繪圖類重要增補工具 2. 修改類重要增補工具 3. 文字類重要增補工具 4. 圖塊類重要增補工具 5. 標註類重要增補工具 6. 特殊類重要增補工具

類　別	技　能　內　容
第十七類	**2D 進階技巧&快捷鍵設定能力**
	1. 啟動外部應用程式 2. 計算機 CAL 3. 快捷鍵的自訂：內部指令與系統變數 4. 快捷鍵的自訂：外部應用程式
第十八類	**圖紙集&可註解設定能力**
	1. 圖紙集的建立、應用與管理 2. 圖紙集的性質、出圖與傳送 3. 圖紙集的圖紙匯入與子集控制 4. 文字可註解物件之建立與控制 5. 引線可註解物件之建立與控制 6. 圖塊可註解物件之建立與控制 7. 填充線可註解物件之建立與控制 8. 標註線可註解物件之建立與控制
第十九類	**錄製巨集&參數式設計設定能力**
	1. 錄製巨集的基本控制 2. 錄製巨集的進階技巧 3. 錄製巨集動作管理員 4. 參數設計之幾何約束控制 5. 參數設計之自動約束控制
第二十類	**AutoCAD 雲端線上協同作業&內容瀏覽器設定能力**
	1. AutoCAD 360 的特性 2. Autodesk 360 的面板相關功能 3. AutoCAD 360 線上編輯 4. 內容瀏覽器的特性

4-1-1　第一類：AutoCAD 基本環境認知&設定能力

> 本書範例題目內容為認證題型與命題方向之示範，正式測驗試題不以範例題目為限。

1-01. 欲安裝 AutoCAD 2014（32 位元）在 Windows 作業系統上，針對版本的限制需求，下列哪些正確？（**複選**）

(A) Windows XP Home Service Pack 3（含）以上

(B) Windows VISTA

(C) Windows 7 Home Premium（含）以上

(D) Windows 8 Standard（含）以上

答案：ACD

1-02. AutoCAD 2014 安裝後內含的 2D 工作區設定，包含下列哪些？（**複選**）

(A) 繪圖與註記

(B) 製圖與註解

(C) AutoCAD 典型

(D) AutoCAD 傳統

答案：BC

1-03. 未取得 AutoCAD 2014 授權碼之前，有幾天的緩衝時間可以暫時執行，下列哪一項正確？

(A) 7 天

(B) 10 天

(C) 20 天

(D) 30 天

答案：D

1-04. 二鍵式+中間滾輪滑鼠,當 Mbuttonpan=1 時,對中間滾輪的功能,下列哪些正確?(**複選**)

(A) 旋轉輪子向前或向後→即時縮放

(B) 壓著不放&拖曳→平移

(C) [Shift]+壓著不放&拖曳→正交平移

(D) 連續快按二下→ZOOM 縮放至實際範圍

答案:ABD

1-05. 標準圖面範圍設定,以 mm 為單位時,下列哪些正確?(**複選**)

(A) A0:1189 * 841

(B) A1:840 * 590

(C) A2:584 * 420

(D) A4:297 * 210

答案:AD

1-06. 標準圖面範圍設定,以 mm 為單位時,下列哪一項為 A1 的大小?

(A) 838 * 591

(B) 839 * 592

(C) 840 * 593

(D) 841 * 594

答案:D

1-07. 標準圖面範圍設定,以 mm 為單位時,下列哪一項為 A3 的大小?

(A) 420 * 287

(B) 410 * 287

(C) 420 * 297

(D) 410 * 297

答案:C

1-08. 有關檔案類型，下列哪些正確？（**複選**）

 (A) *.DWG　圖形檔

 (B) *.DWF　網際網路圖形檔

 (C) *.DWS　圖形標準檔

 (D) *.DWT　圖形樣板檔

 答案：ABCD

1-09. 有關檔案類型，下列哪些正確？（**複選**）

 (A) *.ARG　紀要設定檔

 (B) *.BAK　圖形備份檔

 (C) *.AC$　自動儲存檔

 (D) *.DXF　圖形交換檔

 答案：ABD

1-10. 有關檔案類型，下列哪些正確？（**複選**）

 (A) *.SHX　字型原始檔

 (B) *.SV$　自動儲存檔

 (C) *.BAK　圖形備份檔

 (D) *.XTP　工具選項板匯出檔

 答案：BCD

1-11. 在 AutoCAD 圖像捷徑之 ACAD.EXE 目標後，須加入下列哪些參數式，可以指定樣板檔 C:\2014DEMO\A4OK.DWT？（**複選**）

 (A) /t C:\2014DEMO\A4OK

 (B) \t C:\2014DEMO\A4OK

 (C) /t C:\2014DEMO\A4OK.DWT

 (D) \t C:\2014DEMO\A4OK.DWT

 答案：AC

1-12. 在 AutoCAD 圖像捷徑之 ACAD.EXE 目標後，須加入下列哪一項參數式，可以指定一組選項紀要設定「2014DEMO」？

    (A) $p 2014DEMO

    (B) -p 2014DEMO

    (C) \p 2014DEMO

    (D) /p 2014DEMO

  答案：D

1-13. 正常狀況，欲重覆上一次的執行指令，可以使用下列哪些方式？（**複選**）

    (A) 指令後直接按[Enter]鍵

    (B) 指令後直接按[Space]鍵

    (C) 「鍵盤的往右鍵/尋找/執行」

    (D) 「滑鼠右鍵/快顯功能表的第一個選項」

  答案：ABD

1-14. 相對座標之「增減量表示法」，下列哪些表示方式正確？（**複選**）

    (A) @61.5/4，48.5/3

    (B) @-61/4，-58/3

    (C) @625/4，835/3

    (D) @625/48，815/38

  答案：BCD

1-15. 相對座標之「距離角度表示法」，下列哪些表示方式正確？（**複選**）

    (A) @72.5/3<53

    (B) @725/3<53

    (C) @32.5<79/3

    (D) @32.5<79.3

  答案：BD

1-16. 指令行之搜尋選項功能，有關內容類型下列哪些正確？（**複選**）

(A) 圖塊

(B) 圖層

(C) 填充線

(D) 影像

答案：ABC

1-17. 指令行之搜尋選項功能，有關內容類型下列哪些型式正確？（**複選**）

(A) 文字型式

(B) 表格型式

(C) 標註型式

(D) 視覺型式

答案：ACD

1-18. 指令行之搜尋選項功能，有關自動完成指令下列哪些正確？（**複選**）

(A) 不可開啓中間字串搜尋

(B) 可開啓中間字串搜尋

(C) 排序可根據使用頻率

(D) 排序可根據字母順序

答案：BCD

1-19. 在 AutoCAD 內欲呼叫出 Windows 檔案總管，下列哪些方式正確？

（**複選**）

(A) 鍵盤[視窗]鍵+[E]

(B) 鍵盤[視窗]鍵+[W]

(C) 執行 EXPLORER

(D) 執行 EXP

答案：AC

1-20. 有關自動儲存檔的使用與設定，下列哪些錯誤？（**複選**）

　　(A) 自動儲存檔的副檔名是 AC$

　　(B) 自動儲存時間設定愈短愈好

　　(C) 自動儲存檔案位置可由「選項/檔案」項目內設定

　　(D) 自動儲存檔不可以直接被 OPEN 開啟

　　答案：AB

1-21. 有關「選項/檔案」設定項目，下列哪些正確？（**複選**）

　　(A) 可設定自動儲存檔位置

　　(B) 可設定自動儲存檔儲存間隔時間

　　(C) 可設定圖面樣板檔位置

　　(D) 可預設 QNEW 的預設樣板檔名

　　答案：ACD

1-22. 有關「選項/顯示」設定項目，下列哪一項錯誤？

　　(A) 可設定十字游標大小

　　(B) 可設定指令區文字大小

　　(C) 可設定繪圖區背景顏色

　　(D) 可預設掣點顏色

　　答案：D

1-23. 有關「選項/開啟與儲存」設定項目，下列哪些正確？（**複選**）

　　(A) 可預設另存新檔成 2000 圖檔格式

　　(B) 可預設另存新檔成 2010 圖檔格式

　　(C) 可設定自動儲存檔儲存間隔時間

　　(D) 可設定自動儲存檔位置

　　答案：ABC

1-24. 有關「選項/使用者偏好」設定項目，下列哪一項錯誤？

(A) 可預設比例清單

(B) 可設定右鍵自訂

(C) 可設定安全選項

(D) 可設定是否按兩下編輯

答案：C

1-25. 有關「選項/製圖」設定項目，下列哪些正確？（**複選**）

(A) 可設定鎖點框大小

(B) 可設定選取框大小

(C) 可設定物件鎖點是否忽略填充線

(D) 可設定製圖工具提示設定

答案：ACD

1-26. 有關「選項/選取」設定項目，下列哪些正確？（**複選**）

(A) 可設定鎖點框大小

(B) 可設定掣點大小

(C) 可設定是否先選取後執行

(D) 可設定預覽選取視覺效果

答案：BCD

1-27. AutoCAD 2014 新增的功能，下列哪些正確？（**複選**）

(A) 支援 Windows 8 作業系統

(B) 多功能掣點

(C) 即時性質預覽

(D) 檔案頁籤

答案：AD

4-1-2 **第二類：AutoCAD 功能鍵、快捷鍵&物件鎖點操作能力**

本書範例題目內容為認證題型與命題方向之示範，正式測驗試題不以範例題目為限。

2-01. 選集循環功能鍵開關設定，下列哪一項正確？

    (A) [Ctrl]+[R]

    (B) [Ctrl]+[S]

    (C) [Ctrl]+[T]

    (D) [Ctrl]+[W]

  答案：D

2-02. 選集循環的清單可控制顯示在下列哪些方位？（**複選**）

    (A) 左上、左下

    (B) 右上、右下

    (C) 上、下

    (D) 左、右

  答案：AB

2-03. 執行 QUIT 指令離開 AutoCAD 的快速鍵為下列哪一項？

    (A) [Ctrl]+[Q]

    (B) [Ctrl]+[U]

    (C) [Ctrl]+[X]

    (D) [Ctrl]+[S]

  答案：A

2-04. 性質 PROPERTIES 的啟動快速鍵為下列哪一項？

    (A) [Ctrl]+[P]

    (B) [Ctrl]+[R]

    (C) [Ctrl]+[1]

    (D) [Ctrl]+[2]

  答案：C

2-05. AutoCAD 設計中心的啟動快速鍵為下列哪一項？

(A) [Ctrl]+[1]
(B) [Ctrl]+[2]
(C) [Ctrl]+[3]
(D) [Ctrl]+[4]

答案：B

2-06. AutoCAD 圖紙集管理員的啟動快速鍵為下列哪一項？

(A) [Ctrl]+[4]
(B) [Ctrl]+[5]
(C) [Ctrl]+[6]
(D) [Ctrl]+[7]

答案：A

2-07. AutoCAD 標記集管理員的啟動快速鍵為下列哪一項？

(A) [Ctrl]+[5]
(B) [Ctrl]+[6]
(C) [Ctrl]+[7]
(D) [Ctrl]+[8]

答案：C

2-08. AutoCAD QuickCalc 計算器的啟動快速鍵為下列哪一項？

(A) [Ctrl]+[6]
(B) [Ctrl]+[7]
(C) [Ctrl]+[8]
(D) [Ctrl]+[9]

答案：C

2-09. AutoCAD 指令區開關的啓動快速鍵為下列哪一項？

    (A) [Ctrl]+[6]

    (B) [Ctrl]+[7]

    (C) [Ctrl]+[8]

    (D) [Ctrl]+[9]

  答案：D

2-10. 欲呼叫執行 QuickCalc 計算器，下列哪些正確？（**複選**）

    (A) 預設快捷鍵是 QC

    (B) 預設快捷鍵是 QQ

    (C) 啓動快速鍵[Ctrl]+[7]

    (D) 啓動快速鍵[Ctrl]+[8]

  答案：AD

2-11. 物件鎖點功能代號，下列哪些正確？（**複選**）

    (A) 追蹤：TK

    (B) 追蹤：TS

    (C) 端點：END

    (D) 中點：MID

  答案：ACD

2-12. 物件鎖點功能代號，下列哪些正確？（**複選**）

    (A) 交點：INS

    (B) 插入點：INT

    (C) 中心點：CEN

    (D) 四分點：QUA

  答案：CD

2-13. 下列物件鎖點功能代號，哪些正確？（**複選**）

    (A) 相切點：TEN

    (B) 相切點：TAN

    (C) 垂直點：PAR

    (D) 垂直點：PER

答案：BD

2-14. 下列物件鎖點功能代號，哪些正確？（**複選**）

    (A) 單點：NOT

    (B) 單點：NOD

    (C) 插入點：INS

    (D) 插入點：INT

答案：BC

2-15. 下列物件鎖點功能代號，哪些正確？（**複選**）

    (A) 最近點：NEA

    (B) 最近點：NOD

    (C) 兩點之間的中點：MTP

    (D) 兩點之間的中點：M2P

答案：ACD

2-16. 下列鍵盤操作哪些可以呼叫出物件鎖點快顯功能表？（**複選**）

    (A) [Ctrl]+滑鼠右鍵

    (B) [Tab]+滑鼠右鍵

    (C) [Alt]+滑鼠右鍵

    (D) [Shift]+滑鼠右鍵

答案：AD

2-17. Windows 標準快速鍵，下列哪些正確？（**複選**）

(A) 剪下：[Ctrl]+[T]

(B) 儲存：[Ctrl]+[S]

(C) 複製：[Ctrl]+[C]

(D) 另存新檔：[Ctrl]+[Shift]+[S]

答案：BCD

2-18. Windows 標準快速鍵，下列哪些正確？（**複選**）

(A) 貼上：[Ctrl]+[W]

(B) 新建：[Ctrl]+[M]

(C) 開啟：[Ctrl]+[O]

(D) 出圖：[Ctrl]+[P]

答案：CD

2-19. 下列預設快捷鍵對應之指令，哪些正確？（**複選**）

(A) A：ARC

(B) B：BLOCK

(C) C：CIRCLE

(D) D：DIVIDE

答案：ABC

2-20. 下列預設快捷鍵對應之指令，哪些正確？（**複選**）

(A) E：ERASE

(B) F：FILLET

(C) G：GRIP

(D) H：HATCH

答案：ABD

2-21. 下列預設快捷鍵對應之指令，哪些正確？（**複選**）

(A) I：INSERT

(B) L：LINE

(C) M：MOVE

(D) N：NEW

　答案：ABC

2-22. 下列預設快捷鍵對應之指令，哪些正確？（**複選**）

(A) O：OFFSET

(B) P：PAN

(C) R：REDRAW

(D) S：SAVE

　答案：ABC

2-23. 下列預設快捷鍵對應之指令，哪些正確？（**複選**）

(A) T：TRIM

(B) V：VIEW

(C) W：WBLOCK

(D) X：EXPLODE

　答案：BCD

2-24. 下列預設快捷鍵對應之指令，哪些正確？（**複選**）

(A) AA：AREA

(B) AR：ARC

(C) BO：BOUNDARY

(D) BB：BOUNDARY

　答案：AC

2-25. 下列預設快捷鍵對應之指令，哪些正確？（**複選**）

(A) CO：COPY

(B) CP：COPY

(C) DI：DISTANCE

(D) DR：DRAWORDER

答案：ABD

2-26. 下列預設快捷鍵對應之指令，哪些正確？（**複選**）

(A) LI：LIST

(B) LT：LINETYPE

(C) MA：MASSPROP

(D) ME：MEASURE

答案：ABD

2-27. 下列預設快捷鍵對應之指令，哪些錯誤？（**複選**）

(A) MI：MIRROR

(B) OP：OPTION

(C) OS：OSNEP

(D) PE：PEDIT

答案：BC

2-28. 下列預設快捷鍵對應之指令，哪些正確？（**複選**）

(A) PL：PLINE

(B) PU：PUGE

(C) RT：RECTANG

(D) RO：ROTATE

答案：AD

2-29. 下列預設快捷鍵對應之指令，哪些錯誤？（**複選**）

(A) ST：STRETCH

(B) SC：SCALE

(C) EX：EXPLODE

(D) TR：TRIM

答案：AC

2-30. 有關功能鍵開關設定，下列哪些正確？（**複選**）

(A) F1：輔助說明

(B) F2：文字畫面

(C) F3：物件鎖點

(D) F4：正交

答案：ABC

2-31. 有關極座標追蹤的開關特性，下列哪些正確？（**複選**）

(A) 功能鍵[F10]控制開關

(B) 功能鍵[F11]控制開關

(C) 極座標追蹤打開時[F8]正交模式會關閉

(D) 極座標追蹤打開時[F8]正交模式不受影響

答案：AC

2-32. 有關物件鎖點追蹤的功能特性，下列哪些正確？（**複選**）

(A) [F3]物件鎖點打開時物件鎖點追蹤才能作用

(B) [F3]物件鎖點是否打開，物件鎖點追蹤皆不受影響

(C) 物件鎖點追蹤記號若再被滑鼠通過時，記號將消失

(D) 物件鎖點追蹤記號若再被滑鼠通過時，記號還保留

答案：AC

4-1-3　第三類：AutoCAD 檔案服務&公共指令設定能力

> 本書範例題目內容為認證題型與命題方向之示範，正式測驗試題不以範例題目為限。

3-01. 「NEW 新圖/使用樣板」，下列哪些正確？（**複選**）

(A) 樣板的副檔名是 DWT

(B) 樣板的副檔名是 DWF

(C) 內定的樣板選單路徑可由「選項/檔案/圖面樣板檔位置修改」

(D) 內定的樣板選單路徑可由「選項/系統/圖面樣板檔位置修改」

答案：AC

3-02. NEW 新圖後，預設的圖檔名為 drawing1.dwg，此時按下[Ctrl]+[S]，下列哪一項正確？

(A) 直接快速儲存成 drawing1.dwg

(B) 出現另存新檔對話框要求儲存

(C) 出現錯誤訊息

(D) 自動關閉該圖檔

答案：B

3-03. 當 STARTUP=1 時，「NEW 新圖/從頭開始/公制」，若以 mm 為繪圖單位，下列哪一項正確？

(A) 內定圖面範圍為 A1

(B) 內定圖面範圍為 A2

(C) 內定圖面範圍為 A3

(D) 內定圖面範圍為 A4

答案：C

3-04. 有關 QNEW 的敘述，下列哪些正確？（**複選**）

(A) QNEW 的快速鍵是[Ctrl]+[N]

(B) 預設的樣板檔名可由「選項/檔案」設定

(C) 預設的樣板檔名可由「選項/系統」設定

(D) QNEW 若無預設樣板檔，執行結果與 NEW 指令相同

答案：BD

3-05. 下列檔案類型哪些可直接被 OPEN 開啓？（**複選**）

(A) *.DWG

(B) *.DWT

(C) *.DWF

(D) *.DXF

答案：ABD

3-06. 可被 OPEN 直接開啓的檔案類型有幾種？

(A) 三種

(B) 四種

(C) 五種

(D) 六種

答案：B

3-07. 有關 OPEN 開啓圖檔之特性，下列哪些正確？（**複選**）

(A) 可同時開啓多張圖檔

(B) 可設定以唯讀方式開啓圖檔

(C) 可局部開啓圖檔

(D) 可局部唯讀開啓圖檔

答案：ABCD

3-08. 有關局部載入圖檔，下列哪些正確？（**複選**）

(A) 指令名稱是 PARTLOAD

(B) 指令名稱是 PARTIALOAD

(C) 載入的參考依據是「圖層」

(D) 必須配合「OPEN/局部開啟」時使用

答案：BCD

3-09. 欲快速開啟圖面中的外部參考圖檔，應該使用下列哪一項指令？

(A) OPEN

(B) XOPEN

(C) XREF

(D) OPENX

答案：B

3-10. 有關 SAVEAS 另存新檔的敘述，下列哪些正確？（**複選**）

(A) 儲存時可以加上密碼保護

(B) 儲存時可以加上數位簽章

(C) 預設儲存的 *.DWG 版本，可由「選項/開啟與儲存」設定

(D) 預設儲存的 *.DWG 版本，可由「選項/使用者偏好」設定

答案：ABC

3-11. SAVEAS 另存新檔的快速鍵，下列哪一項正確？

(A) [Ctrl]+[S]

(B) [Shift]+[S]

(C) [Ctrl]+[Alt]+[S]

(D) [Ctrl]+[Shift]+[S]

答案：D

3-12. AutoCAD 2014 可直接儲存的舊版本，下列哪些正確？（**複選**）

(A) 2000 DWG

(B) 2004 DWG

(C) 2007 DWG

(D) 2010 DWG

答案：ABCD

3-13. 已開啓之 ABC.DWG 圖檔，修改内容後欲儲存之，下列哪些指令或快速鍵不會出現對話框畫面要求輸入檔名？（**複選**）

(A) SAVE

(B) SAVEAS

(C) QSAVE

(D) [Ctrl]+[S]

答案：CD

3-14. 離開 AutoCAD 作業環境，可執行下列哪些指令或快速鍵？（**複選**）

(A) QUIT

(B) EXIT

(C) [Ctrl]+[X]

(D) [Ctrl]+[Q]

答案：ABD

3-15. 圖面範圍&單位設定的指令，下列哪些正確？（**複選**）

(A) 圖面範圍：LIMITS

(B) 圖面範圍：LIMIT

(C) 單位設定：UNITS

(D) 單位設定：UNIT

答案：AC

3-16. 採用預設樣板檔開新檔時，有關單位設定的長度&角度精確度設定，下
列哪些正確？（**複選**）

(A) 新圖預設精確度分別是小數點 4 位& 2 位

(B) 新圖預設精確度分別是小數點 4 位& 0 位

(C) 單位設定的精確度影響到尺寸標註

(D) 單位設定的精確度影響到查詢指令

答案：BD

3-17. 下列哪些指令有修護圖檔的功能？（**複選**）

(A) DRAWINGRECOVERY

(B) AUDIT

(C) RECOVER

(D) DRAWINGFIX

答案：ABC

3-18. 有關圖檔修護管理員，下列哪些正確？（**複選**）

(A) 預設快捷鍵是 DRA

(B) 預設快捷鍵是 DRM

(C) 可開啓*.SV$檔案

(D) 可開啓*.BAK 檔案

答案：BCD

3-19. 欲匯出為其他類型檔案的指令，下列哪一項正確？

(A) EXPORT

(B) OUTPUT

(C) EXPERT

(D) IMPORT

答案：A

3-20. EXPORT 可匯出的檔案類型，下列哪些正確？（**複選**）

(A) *.WMF

(B) *.STL

(C) *.IGS

(D) *.DGN

答案：ABCD

3-21. PURGE 可清除的物件類型，下列哪些正確？（**複選**）

(A) 沒有用的圖塊

(B) 沒有用的圖層

(C) 沒有用的線型

(D) 沒有用的字型

答案：ABCD

3-22. 有關 PURGE 指令的敘述，下列哪些正確？（**複選**）

(A) 可清除長度不為零的幾何圖形

(B) 可清除沒有用的圖層、線型、字型

(C) 可檢視無法清除的項目

(D) 可清除空文字物件

答案：BCD

3-23. 欲關閉目前開啓的所有圖檔的指令，下列哪一項正確？

(A) CLOSE

(B) EXITALL

(C) QUITALL

(D) CLOSEALL

答案：D

3-24. 有關開啟多個圖檔的操作，下列哪些正確？（**複選**）

(A) 可用 OPEN 指令同時選取多個圖檔開啟

(B) 可用檔案總管同時選取多個圖檔拖放進入 AutoCAD 開啟

(C) 可用 AutoCAD 設計中心將多個圖檔同時拖放進入 AutoCAD 開啟

(D) 可用 AutoCAD 設計中心將圖檔逐一拖放進入 AutoCAD 開啟

答案：ABD

3-25. 開啟多張圖檔後，欲循環作用中的圖檔，可執行下列哪些功能鍵？
（**複選**）

(A) [Ctrl]+[Tab]

(B) [Ctrl]+[F5]

(C) [Ctrl]+[F6]

(D) [Ctrl]+[F7]

答案：AC

3-26. 以 COPYCLIP 複製 AutoCAD 圖形，到另外一張圖後欲出現，可執行下列哪些方式？（**複選**）

(A) 貼上

(B) 貼到原始座標

(C) 貼上為圖塊

(D) 貼上為影像

答案：ABC

3-27. 轉換圖檔為不同版本格式的指令是？

(A) DWGCONVT

(B) DWGCONVERT

(C) DWGTRAN

(D) DWGTRANS

答案：B

4-1-4　第四類：AutoCAD 繪圖操作能力

本書範例題目內容為認證題型與命題方向之示範，正式測驗試題不以範例題目為限。

4-01. 「LINE 指令/於指定下一點後」，若將正交模式打開，往 6 點鐘方向直接輸入 69.5，所得的結果與下列哪些相同？（**複選**）

(A) @69.5<90

(B) @69.5<-90

(C) @0，-69.5

(D) @69.5<270

　答案：BCD

4-02. 「LINE 指令/於指定下一點後」，若將正交模式打開，往 3 點鐘方向直接輸入下列哪些數值不會被接受？（**複選**）

(A) 123+45

(B) 123-45

(C) 123*45

(D) 123/45

　答案：ABC

4-03. XLINE 的副選項中，下列哪一項可用來繪製角平分線？

(A) A

(B) B

(C) O

(D) V

　答案：B

4-04. XLINE 建構線被 TRIM 指令修剪掉一半後，剩下的圖元是下列哪一項？

(A) 建構線 XLINE

(B) 線 LINE

(C) 射線 RAY

(D) 聚合線 LWPOLYLINE

答案：C

4-05. 下列哪些指令完成的圖元是聚合線？（**複選**）

(A) POLYGON

(B) RECTANG

(C) WIPEOUT

(D) REVCLOUD

答案：ABD

4-06. 有關 MLINE 複線的對正方式，下列哪些正確？（**複選**）

(A) 靠上 U、靠下 D

(B) 靠左 L、靠右 R

(C) 靠上 T、靠下 B

(D) 歸零 Z

答案：CD

4-07. 欲接續前一個弧，繪製一個相切弧，須於 ARC 指令一開始輸入下列哪一項？

(A) 不可能

(B) 輸入 D

(C) 輸入 T

(D) 直接按[Enter]

答案：D

4-08. 欲接續前一個弧，繪製一個相切線，須於 LINE 指令第一點輸入下列哪一項？

(A) TAN
(B) 打開[F8]開關
(C) 打開[F11]開關
(D) 直接按[Enter]

答案：D

4-09. 執行 ARC 之起點、終點、半徑，欲產生大於 180 度的弧，則必須半徑輸入何值，下列哪一項正確？

(A) 0
(B) 負值
(C) 正值
(D) 負值或正值均可

答案：B

4-10.「CIRCLE 指令/於指定圓心後」，可接受的半徑數值下列哪些正確？
（**複選**）

(A) 82.53
(B) 82.5/3
(C) 825/3
(D) 82/5.3

答案：AC

4-11. 有關圓 CIRCLE 的指令特性，下列哪些正確？（**複選**）

(A) 2P 定圓，此二點不一定是圓直徑
(B) 相切、相切、半徑，有時圓會不存在
(C) 3P 定圓，此三點不能共線
(D) 半徑值可以輸入 123/4

答案：BCD

4-12. DONUT 指令若輸入的內徑大於外徑且外徑不等於 0，將產生下列哪一種情況？

　　(A) 錯誤警告，並要求重新輸入內徑

　　(B) 錯誤警告，並要求重新輸入外徑

　　(C) 結束 DONUT 指令

　　(D) 自動內外徑對調，並繼續 DONUT 指令

　答案：D

4-13. 有關橢圓 ELLIPSE 的指令特性，下列哪些正確？（複選）

　　(A) 只能繪製全橢圓

　　(B) 可以繪製局部橢圓「橢圓弧」

　　(C) 選項 R 可輸入「90」度

　　(D) 選項 R 不可輸入「90」度

　答案：BD

4-14. 「RECTANG 指令/問第二個角點時」，下列副選項哪些正確？（複選）

　　(A) 面積 A

　　(B) 尺寸 D

　　(C) 周長 C

　　(D) 旋轉 R

　答案：ABD

4-15. 對於繪製修訂雲形的特性，下列哪些正確？（複選）

　　(A) 完成後的物件是 ARC

　　(B) 完成後的物件是 LWPOLYLINE

　　(C) 修訂雲形的弧型式有二種：正常&書法

　　(D) 修訂雲形的弧型式有二種：正常&特殊

　答案：BC

4-16. 修訂雲形可利用下列哪些物件來轉換？（**複選**）

(A) 線、聚合線

(B) 圓、橢圓

(C) 雲形線

(D) 弧

答案：ABCD

4-17. 有關多邊形 POLYGON 的選項，下列哪些正確？（**複選**）

(A) 已知邊長 E

(B) 內切於圓內 I

(C) 外切於圓上 C

(D) 外接於圓上 O

答案：AC

4-18. 多邊形 POLYGON 能接受的最小邊數，下列哪一項正確？

(A) 0

(B) 1

(C) 2

(D) 3

答案：D

4-19. 欲修改點型式，下列哪些正確？（**複選**）

(A) 功能區面板「公用程式/點型式」

(B) 功能區面板「繪製/點型式」

(C) 執行 DDPTYPE 指令

(D) 執行 DDPOINT 指令

答案：AC

4-20. 對長度為 100 的線，以等分 DIVIDE 指令 6 等分，共有幾個佈點？

(A) 3

(B) 4

(C) 5

(D) 6

答案：C

4-21. 對圓與弧分別作六等分，下列哪些正確？（**複選**）

(A) 圓共有 5 個佈點

(B) 圓共有 6 個佈點

(C) 弧共有 5 個佈點

(D) 弧共有 6 個佈點

答案：BC

4-22. 有關 DIVIDE 的指令特性，下列哪些正確？（**複選**）

(A) 可以用圖塊來取代點記號佈點

(B) LINE 線可以被等分

(C) XLINE 建構線可以被等分

(D) SPLINE 雲形線可以被等分

答案：ABD

4-23. 有關邊界 BOUNDARY 的指令特性，下列哪些敘述是正確的？（**複選**）

(A) 產生的邊界物件可以是聚合線或雲形線

(B) 產生的邊界物件可以是聚合線或面域

(C) 可以重新指定建立邊界集物件

(D) 可設定是否偵測孤立物件

答案：BCD

4-1-5　第五類：AutoCAD 編輯控制操作能力

> 本書範例題目內容為認證題型與命題方向之示範，正式測驗試題不以範例題目為限。

5-01. 「編修指令/物件選取方式/窗選 W」的敘述，下列哪些正確？（**複選**）

    (A) 選框是實線框

    (B) 選框是虛線框

    (C) 「選取物件/直接由左而右拉框」

    (D) 「選取物件/直接由右而左拉框」

    答案：AC

5-02. 「編修指令/物件選取方式/框選 C」的敘述，下列哪些正確？（**複選**）

    (A) 選框是實線框

    (B) 選框是虛線框

    (C) 「選取物件/直接由左而右拉框」

    (D) 「選取物件/直接由右而左拉框」

    答案：BD

5-03. 「編修指令/物件選取方式/移除選集」，下列哪一項動作正確？

    (A) [Ctrl] +選取物件

    (B) [Shift] +選取物件

    (C) [Ctrl]+[Shift]+選取物件

    (D) [Ctrl]+[Alt]+選取物件

    答案：B

5-04. 「編修指令/物件選取方式/籬選」，需輸入下列哪一項？

    (A) K

    (B) X

    (C) F

    (D) S

    答案：C

5-05. 「預覽選取/視覺效果設定/區域選取效果」，可設定下列哪些項目？
（**複選**）
(A) 亮度
(B) 不透明度
(C) 窗選 Window 顏色
(D) 框選 Crossing 顏色

答案：BCD

5-06. 圖面中若只有數個 LINE、CIRCLE 和 ARC，則 Qselect 之畫面中物件類型會有幾個選項？
(A) 2 個
(B) 3 個
(C) 4 個
(D) 5 個

答案：C

5-07. 有關 GROUP 群組的敘述，下列哪些正確？（**複選**）
(A) 作用開關是[Ctrl]+[A]
(B) 作用開關是[Ctrl]+[Shift]+[A]
(C) 預設快捷鍵是 G
(D) 預設快捷鍵是 GR

答案：BC

5-08. 有關群組相關指令的敘述，下列哪些正確？（**複選**）
(A) 群組編輯：GEDIT
(B) 群組編輯：GROUPEDIT
(C) 群組管理員：GROUPMANAGER
(D) 群組管理員：CLASSICGROUP

答案：BD

5-09. 有關群組編輯功能的敘述，下列哪些正確？（**複選**）

　　(A) 可加入物件到群組
　　(B) 可移除群組之物件
　　(C) 可更名群組
　　(D) 可分解群組

　　答案：ABC

5-10. 有關 COPY 複製功能的敘述，下列哪些正確？（**複選**）

　　(A) 預設快捷鍵是 CO 或 CP
　　(B) 預設的複製模式是多重
　　(C) 可陣列複製
　　(D) 不可陣列複製

　　答案：ABC

5-11. 「OFFSET 指令/L 圖層」，有下列哪些圖層副選項？（**複選**）

　　(A) 目前 C
　　(B) 刪除 E
　　(C) 碰選 P
　　(D) 來源 S

　　答案：AD

5-12. 有關 COPY 指令的特性敘述，下列哪些正確？（**複選**）

　　(A) 預設動作就是多重複製
　　(B) 變更複製模式必須輸入副選項 D
　　(C) 多重複製有誤，無法退回
　　(D) 多重複製有誤，可用副選項 U 退回

　　答案：AD

5-13. 有關 OFFSET 指令的特性敘述，下列哪些正確？（**複選**）

(A) 可設定偏移後是否刪除來源物件

(B) 可設定偏移後的物件圖層

(C) 可設定連續性的多重偏移複製

(D) 可設定偏移距離為負值

答案：ABC

5-14. OFFSET 指令下達後，下列哪些數值可被接受？（**複選**）

(A) 456/23

(B) 45.6/23

(C) 45.623

(D) -45.623

答案：AC

5-15. 下達 OFFSET 指令後，除輸入距離外還有下列哪些副選項？（**複選**）

(A) 通過 T

(B) 刪除 E

(C) 複製 C

(D) 圖層 L

答案：ABD

5-16. TRIM 指令下達後，可按下列哪一項配合鍵改為 EXTEND 延伸功能？

(A) [Ctrl]鍵

(B) [Tab]鍵

(C) [Shift]鍵

(D) [Ctrl]+[Shift]鍵

答案：C

5-17. TRIM 指令有效的修剪邊緣物件，包括下列哪些？（**複選**）

(A) 線、聚合線、雲形線

(B) 圓、弧、橢圓

(C) 標註

(D) 圖塊、文字

答案：ABD

5-18. TRIM 指令可以被修剪的物件，包括下列哪些？（**複選**）

(A) 圖塊

(B) 圓、弧、橢圓

(C) 文字

(D) 填充線

答案：BD

5-19. 「TRIM 指令/選取要修剪的物件」，可用下列哪些選取方式？（**複選**）

(A) 籬選 F

(B) 窗選 W

(C) 框選 C

(D) 全選 A

答案：AC

5-20. 「TRIM 指令/選取修剪邊緣物件」，若不選取而直接按下[Enter]，則下列哪一項正確？

(A) 出現「無效的選取」錯誤訊息

(B) 代表「全部選取」所有物件為修剪邊緣

(C) 指令直接中斷停止執行

(D) 重新要求選取修剪邊緣物件

答案：B

5-21. EXTEND 指令下達後，下列哪一項可改為 TRIM 修剪功能？

(A) [Ctrl]鍵

(B) [Tab]鍵

(C) [Shift]鍵

(D) [Ctrl]+[Shift]鍵

答案：C

5-22. FILLET 指令不管半徑為何，欲對二條線執行半徑為 0 的圓角，下列哪一項正確？

(A) [Tab]+選取二條線

(B) [Ctrl]+選取二條線

(C) [Alt]+選取二條線

(D) [Shift]+選取二條線

答案：D

5-23. 下達 FILLET 指令後，下列哪些副選項可選取？（**複選**）

(A) 刪除 E

(B) 聚合線 P

(C) 多重 M

(D) 退回 U

答案：BCD

5-24. 有關 FILLET 的功能敘述，下列哪些正確？（**複選**）

(A) T 的選項可控制原物件是否修剪

(B) P 的選項可對整個聚合線物件執行圓角

(C) 選取第二個物件時可預覽圓角效果

(D) 按住[Shift]鍵後選取第二個物件時，圓角的半徑為 0

答案：ABCD

5-25. 有關 CHAMFER 的副選項敘述，下列哪些正確？（**複選**）

    (A) D 的選項必須輸入二段倒角距離

    (B) D 的選項必須輸入一段距離+一個角度

    (C) A 的選項必須輸入二個角度

    (D) A 的選項必須輸入一段距離+一個角度

    答案：AD

5-26. 有關 ROTATE 指令的特性敘述，下列哪些正確？（**複選**）

    (A) 旋轉角度可輸入分數 360/14

    (B) 旋轉角度不可輸入分數 360/14

    (C) 副選項 C 可執行多重複製

    (D) 副選項 C 可執行單一複製

    答案：BD

5-27. 有關 SCALE 指令的特性敘述，下列哪些正確？（**複選**）

    (A) 比例係數可輸入分數 100/9

    (B) 比例係數不可輸入分數 100/9

    (C) 副選項 C 可執行多重複製

    (D) 副選項 C 可執行單一複製

    答案：AD

5-28. 有關 ALIGN 的敘述，下列哪些正確？（**複選**）

    (A) 若只指定第一個來源點&目的點，其功能同 MOVE

    (B) 指定第二個來源點&目的點，其功能同 ROTATE

    (C) 預設快捷鍵是 AL

    (D) 可根據對齊點調整物件比例

    答案：ABCD

5-29. 有關對非同一物件 STRETCH 指令的框選 Crossing 特性敘述,下列哪一項正確?

(A) 連續框選時,只有第一組可執行

(B) 連續框選時,只有最後一組可執行

(C) 連續框選時,每一組皆無法執行

(D) 連續框選時,每一組皆可執行

答案:D

5-30. 有關-ARRAY 之矩形陣列的敘述,下列哪些正確?(**複選**)

(A) 一列一行無法執行

(B) 一列一行可以執行

(C) 列偏移&行偏移可以是正值或負值

(D) 列偏移&行偏移可以用拉框設定

答案:ACD

5-31. 有關-ARRAY 指令區操作環形陣列的項目之間夾角,下列哪些正確?

(**複選**)

(A) 指定要佈滿的角度必須設為 0

(B) 指定要佈滿的角度必須設為 360

(C) 項目之間夾角不可以為負值

(D) 項目之間夾角可以為負值

答案:AD

5-32. 欲執行指令區的陣列功能,可執行下列哪一項指令?(**複選**)

(A) -AR

(B) _AR

(C) -ARRAY

(D) _ARRAY

答案:AC

5-33. 下列哪些物件可以被 EXPLODE 指令分解？（**複選**）

(A) 面域

(B) 圓

(C) 多行文字

(D) 填充線

　　答案：ACD

5-34. 有關 LENGTHEN 的副選項，下列哪些有誤？（**複選**）

(A) 差值 D

(B) 百分比 P

(C) 總長度 T

(D) 動態 Y

　　答案：AD

5-35. 有關 LENGTHEN 的查詢物件長度功能，下列哪些正確？（**複選**）

(A) 弧：弧長&夾角

(B) 圓：半徑

(C) 矩形：周長

(D) 建構線：總長

　　答案：AC

5-36. 有關刪除重複物件的功能敘述，下列哪些正確？（**複選**）

(A) 指令是 KILLOVER

(B) 指令是 OVERKILL

(C) 物件的比較可設定公差

(D) 可結合重疊的共線物件

　　答案：BCD

5-37. 有關 MATCHPROP 指令的性質設定包括下列哪些？（**複選**）

　　(A) 標註&文字

　　(B) 線型&線型比例

　　(C) 聚合線&視埠

　　(D) 表格&多重引線

　答案：ABCD

5-38. UNDO 指令對以下哪些指令無效？（**複選**）

　　(A) SAVE

　　(B) PLOT

　　(C) OPEN

　　(D) EXPLODE

　答案：ABC

5-39. 欲救回最後一次被刪除的物件，需使用下列哪一項指令？

　　(A) UNDO

　　(B) REDO

　　(C) OOPS

　　(D) OO

　答案：C

5-40. 有關 JOIN 指令結合多條共線的 LINE（位於同一條無限長的線上），下列特性敘述哪些正確？（**複選**）

　　(A) 線與線之間不可以局部重疊

　　(B) 線與線之間可以局部重疊

　　(C) 線與線之間不可以有任何空隙

　　(D) 線與線之間可以有空隙

　答案：BD

5-41. 有關 JOIN 指令，欲將一個弧閉合成圓的副選項為下列哪一項？

(A) C

(B) L

(C) O

(D) R

答案：B

5-42. 掣點模式五大編輯功能不包括下列哪些指令？（**複選**）

(A) 拉伸

(B) 修剪

(C) 旋轉

(D) 延伸

答案：BD

5-43. 多功能掣點模式，若懸停於線的端點掣點，清單會出現下列哪些功能？

（**複選**）

(A) 拉伸

(B) 旋轉

(C) 調整長度

(D) 鏡射

答案：AC

5-44. 快速性質功能鍵開關設定，下列哪一項正確？

(A) [Ctrl]+[Shift]+[I]

(B) [Ctrl]+[Shift]+[J]

(C) [Ctrl]+[Shift]+[P]

(D) [Ctrl]+[Shift]+[R]

答案：C

4-1-6 第六類：AutoCAD 關聯式陣列&特殊編修能力

> 本書範例題目內容為認證題型與命題方向之示範，正式測驗試題不以範例題目為限。

6-01. 新一代關聯式陣列共有下列哪些類型？（**複選**）

    (A) 矩形陣列

    (B) 環形陣列

    (C) 路徑陣列

    (D) 傘狀陣列

    答案：ABC

6-02. 關聯式陣列的矩形陣列功能敘述，下列哪些正確？（**複選**）

    (A) 指令是 ARRAYRECT

    (B) 指令是 ARRAYRECTANG

    (C) 可設定項目的 3D 層數與層距

    (D) 無法設定項目的 3D 層數與層距

    答案：AC

6-03. 關聯式陣列的環形陣列功能敘述，下列哪些正確？（**複選**）

    (A) 指令是 ARRAYPALOR

    (B) 指令是 ARRAYPOLAR

    (C) 副選項 RO 可設定項目是否旋轉項目

    (D) 副選項 ROT 可設定項目是否旋轉項目

    答案：BD

6-04. 「關聯式陣列/環形陣列」預設的項目數量是幾個？

    (A) 4

    (B) 5

    (C) 6

    (D) 7

    答案：C

6-05. 關聯式陣列的路徑陣列功能敘述，下列哪些正確？（**複選**）

    (A) 指令是 ARRAYPATH

    (B) 指令是 ARRAYPETH

    (C) 可設定項目沿路徑等分或等距

    (D) 可設定項目是否對齊路徑

  答案：ACD

6-06. 編輯關聯式陣列的功能敘述，下列哪些正確？（**複選**）

    (A) 指令是 ARRAYEDIT

    (B) 預設快捷鍵是 ARE

    (C) 不同類型的陣列，可編輯的副選項均相同

    (D) 不同類型的陣列，可編輯的副選項不盡相同

  答案：AD

6-07. 編輯關聯式陣列的副選項功能敘述，下列哪些正確？（**複選**）

    (A) 取代 RET

    (B) 取代 REP

    (C) 重置 RES

    (D) 重置 REP

  答案：BC

6-08. 編輯關聯式陣列的重置陣列功能敘述，下列哪些正確？（**複選**）

    (A) 復原所有的項目取代，但無法還原刪除的項目

    (B) 復原所有的項目取代，同時可還原刪除的項目

    (C) 已變更的基準點一併還原

    (D) 已變更的基準點不會還原

  答案：BD

6-09. 欲將線或弧變成聚合線，下列哪些可完成？（**複選**）

(A) PLINEDIT

(B) PEDIT

(C)

(D)

答案：BC

6-10. 編輯聚合線時，如果選取的物件是線或弧會詢問選取的物件不是一條聚合線，您要將它轉成一條聚合線的訊息，如何抑制該訊息？

(A) 系統變數 PEDITACCEPT = 0

(B) 系統變數 PEDITACCEPT = 1

(C) 系統變數 PEDITOK = 0

(D) 系統變數 PEDITOK = 1

答案：B

6-11. 下列哪一個副選項是編輯聚合線時，不一定每次都會出現？

(A) 封閉

(B) 結合

(C) 雲形線

(D) 直線化

答案：A

6-12. 編輯聚合線，如果先使用了下列哪一個副選項選取物件，結合時將提示輸入連綴距離？

(A) V

(B) N

(C) M

(D) S

答案：C

6-13. 編輯聚合線時，有關接合 J 的連綴距離設定的敘述，下列哪些正確？
（**複選**）

(A) 可以結合不相接的聚合線

(B) 沒有特別作用

(C) 連綴距離不能輸入負值

(D) 連綴距離可以輸入負值

答案：AC

6-14. 編輯聚合線時，多重選取的結合狀況下，有下列哪些結合類型？（**複選**）

(A) 延伸

(B) 修剪

(C) 加入

(D) 二者

答案：ACD

6-15. 編輯聚合線時，下列哪些副選項可將聚合線曲線化？（**複選**）

(A) 擬合 F

(B) 編輯頂點 E

(C) 線型生成 L

(D) 雲形線 S

答案：AD

6-16. 有關聚合線的寬度敘述，下列哪些正確？（**複選**）

(A) 同一條聚合線，各線段可以有不同的寬度

(B) 可以用 PEDIT 改變寬度

(C) 可以用 PEDIT 查詢寬度

(D) 可以用 LIST 查詢寬度

答案：ABD

6-17. 編輯聚合線，欲產生通過聚合線頂點的連續樣式的線型，下列哪一個副選項正確？

(A) 線型生成 G

(B) 線型生成 D

(C) 線型生成 L

(D) 線型生成 F

答案：C

6-18. 有關橢圓物件的 OFFSET 偏移複製敘述，下列哪些正確？（**複選**）

(A) PELLIPSE = 0 產生的橢圓用 OFFSET 後圖元類別是 ELLIPSE

(B) PELLIPSE = 0 產生的橢圓用 OFFSET 後圖元類別是 SPLINE

(C) PELLIPSE = 1 產生的橢圓用 OFFSET 後圖元類別是 ELLIPSE

(D) PELLIPSE = 1 產生的橢圓用 OFFSET 後圖元類別是 POLYLINE

答案：BD

6-19. 碰選 SPLINE 雲形線後，開啟快顯功能表會包含下列哪些功能？（**複選**）

(A) 加入擬合點

(B) 接合

(C) 反轉方向

(D) 轉換為聚合線

答案：ABCD

6-20. 有關複線編輯的指令敘述，下列哪些正確？（**複選**）

(A) 被編輯的物件一定要是複線

(B) 被編輯的物件不一定要是複線

(C) 指令是 MLEDIT

(D) 指令是 MLINEDIT

答案：AC

6-21. 有關 XPLODE 進階分解指令的敘述，下列哪一項正確？

    (A) EXPLODE & XPLODE 皆可以分解多行文字

    (B) EXPLODE & XPLODE 皆無法分解多行文字

    (C) EXPLODE 可以分解多行文字，XPLODE 不行

    (D) XPLODE 可以分解多行文字，EXPLODE 不行

    答案：C

6-22. XPLODE 進階分解物件的同時，可以指定改變下列哪些性質？（**複選**）

    (A) 顏色

    (B) 圖層

    (C) 線型

    (D) 線粗

    答案：ABCD

6-23. XPLODE 進階分解物件，如果指定的圖層或線型不存在，會發生下列哪些結果？（**複選**）

    (A) 自動建立該圖層

    (B) 圖層名稱無效

    (C) 自動建立該線型

    (D) 線型名稱無效

    答案：BD

6-24. 有關 XPLODE 進階分解指令的功能特性，下列哪些正確？（**複選**）

    (A) 可以分解 X，Y 不同比例的圖塊

    (B) 不能分解 X，Y 不同比例的圖塊

    (C) 如果選取了多個有效物件，會顯示「個別分解/<整體>」提示選項

    (D) 如果選取了多個有效物件，會顯示「多重分解/<全部>」提示選項

    答案：AC

6-25. 下列哪些物件可以轉換成面域？（**複選**）

(A) 封閉的聚合線

(B) 封閉的線

(C) 圓&橢圓

(D) 文字&填充線

答案：ABC

6-26. 欲產生面域物件，下列哪些指令或預設快捷鍵可完成？（**複選**）

(A) REGION

(B) REG

(C) BOUNDARY

(D) BO

答案：ABCD

6-27. 有關 REGION 面域物件的敘述，下列哪些正確？（**複選**）

(A) 面域可查詢面積與周長

(B) 面域可以貼附材質

(C) 面域可執行布林運算

(D) 產生面域時可以透過 DELOBJ 系統變數決定是否保留原始物件

答案：ABCD

6-28. 有關布林運算聯集的敘述，下列哪些正確？（**複選**）

(A) 聚合線可以被聯集

(B) 圓可以被聯集

(C) 面域可以被聯集

(D) 實體可以被聯集

答案：CD

6-29. 有關布林運算的功能敘述，下列哪些正確？（**複選**）

(A) 聯集的指令是 UNION，預設快捷鍵是 UN

(B) 差集的指令是 SUBTRACT，預設快捷鍵是 SU

(C) 交集的指令是 INTERSECT，預設快捷鍵是 IN

(D) 2D 面域能執行布林運算

答案：BCD

6-30. REVERSE 反轉方向的物件，除直線外還包括下列哪些？（**複選**）

(A) 聚合線

(B) 雲形線

(C) 複線

(D) 螺旋線

答案：ABD

6-31. 欲執行選取類似物件的功能，下列哪些正確？（**複選**）

(A) 指令是 SELECTSAME

(B) 指令是 SELECTSIMILAR

(C)「碰選物件後/滑鼠右鍵/快顯功能表/選取類似物件」

(D)「不選物件/滑鼠右鍵/快顯功能表/選取類似物件」

答案：BC

6-32. 執行選取類似物件的依據設定，下列哪些正確？（**複選**）

(A) 圖層、名稱

(B) 顏色、線型

(C) 出圖型式、物件型式

(D) 線粗、線型比例

答案：ABCD

4-1-7 第七類：AutoCAD 顯示控制&查詢操作能力

本書範例題目內容為認證題型與命題方向之示範，正式測驗試題不以範例題目為限。

7-01. 當 ZOOM 與 PAN 到極限無法動作時，下列哪些指令或預設快捷鍵可解決？（**複選**）

(A) REGEN

(B) REDRAW

(C) RE

(D) R

答案：AC

7-02. ZOOM 顯示控制指令，縮放至物件的副選項目為下列哪一項？

(A) B

(B) T

(C) J

(D) O

答案：D

7-03. 可控制 ZOOM/PAN 的平滑視圖轉移特效系統變數是下列哪一項？

(A) VTDISPLAY

(B) VTENABLE

(C) ZOOMPANMODE

(D) SMOOTHMODE

答案：B

7-04. 有關中間滾輪執行即時縮放的變更增量控制，下列哪些正確？（**複選**）

(A) 系統變數是 ZOOMFACTER

(B) 系統變數是 ZOOMFACTOR

(C) 數值越大，滑鼠滾輪每次引起的變更增量就越大

(D) 數值越小，滑鼠滾輪每次引起的變更增量就越大

答案：BC

7-05. 以 ZOOM 指令欲完成縮放至實際範圍，下列哪些可完成？（**複選**）

(A) 「ZOOM/E」

(B) 「ZOOM/X」

(C) 左鍵快按二下

(D) 中間滾輪快按二下

答案：AD

7-06. 欲呼叫出鳥瞰視圖畫面，下列哪一項正確？

(A) DSVIEWER

(B) _DSVIEWER

(C) .DSVIEWER

(D) -DSVIEWER

答案：C

7-07. 於模型空間執行-VPORTS 指令，下列哪些選項不包含在內？（**複選**）

(A) 儲存

(B) 鎖住

(C) 接合

(D) 描影出圖

答案：BD

7-08. 於圖紙空間執行-VPORTS 指令，下列哪些選項不包含在內？（**複選**）

(A) 儲存

(B) 鎖住

(C) 接合

(D) 描影出圖

答案：AC

7-09. 有關模型空間的 VPORTS 視埠對話框指令，下列哪些正確？（**複選**）

(A) 視埠分割可以新建具名視埠

(B) 視埠分割可以調整視埠間距

(C) 可以控制各分割視埠的背景顏色

(D) 可以設定視埠分割為 2D 或 3D

答案：AD

7-10. 有關 VIEWRES 快速縮放比設定弧與圓的平滑度，下列哪些正確？（**複選**）

(A) 預設值是 100

(B) 預設值是 1000

(C) 有效範圍是 1~10000

(D) 有效範圍是 1~20000

答案：BD

7-11. 工作區管理的指令，下列哪一項正確？

(A) WORKMAN

(B) WORKSTYLE

(C) WORKSPACE

(D) WORKMANAGER

答案：C

7-12. 欲執行清爽螢幕功能開關，下列哪些正確？（**複選**）

(A) 指令為 CLEANSCREENON & CLEANSCREENOFF

(B) 指令為 CLEARSCREENON & CLEARSCREENOFF

(C) 功能鍵[Crtl]+[0]

(D) 功能鍵[Crtl]+[1]

答案：AC

7-13. 欲調整十字游標大小，下列哪些選項可完成？（**複選**）

(A) CURSORSIZE

(B) MOUSESIZE

(C) 「選項/顯示/十字游標大小」

(D) 「選項/系統/十字游標大小」

答案：AC

7-14. 對於數個開啟的圖面於 Windows 工具列中顯示為個別項目的控制，下列哪一項正確？

(A) WORKBAR = 1

(B) TASKBAR = 1

(C) DWGBAR = 1

(D) DISPLAYBAR = 1

答案：B

7-15. 有關 VIEW 視圖指令應用，下列哪些正確？（**複選**）

(A) 重複的視圖名稱可以直接取代

(B) 重複的視圖名稱必須先刪除舊的才能新建

(C) 已儲存的視圖可更新圖層資訊

(D) 已儲存的視圖可重新編輯視圖邊界

答案：ACD

7-16. 「VIEW 視圖/更新圖層」，會儲存下列哪些圖層狀態？（**複選**）

(A) 打開&關閉

(B) 解凍&凍結

(C) 鎖護&解鎖

(D) 出圖&不出圖

答案：AB

7-17. 「VIEW 視圖/編輯邊界」，下列哪些正確？（**複選**）

　　(A) 編輯邊界時，原視圖所定的舊邊界，清晰可見

　　(B) 編輯邊界時，原視圖所定的舊邊界並未顯示

　　(C) 編輯邊界時，選定二角點時，無法執行 ZOOM/PAN 指令

　　(D) 編輯邊界時，選定二角點時，可搭配執行 ZOOM/PAN 指令

　　答案：AD

7-18. 有關 TEXTTOFRONT 指令的敘述，下列哪些正確？（**複選**）

　　(A) 可將圖面中所有影像置於前方

　　(B) 可將圖面中所有填充線置於前方

　　(C) 可將圖面中所有文字置於前方

　　(D) 可將圖面中所有標註置於前方

　　答案：CD

7-19. 有關貼心快速的將文字、標註、填充線物件放置的指令，下列哪些正確？
（**複選**）

　　(A) HATCHTOFRONT 可將圖面中所有填充線置於前方

　　(B) HATCHTOBACK 可將圖面中所有填充線置於最下方

　　(C) TEXTTOFRONT 可將圖面中所有文字置於前方

　　(D) TEXTTOFRONT 可將圖面中所有標註置於前方

　　答案：BCD

7-20. 欲將所選物件暫時的隱藏或隔離，下列哪些正確？（**複選**）

　　(A) 隱藏物件的指令是 HIDEOBJECT

　　(B) 隱藏物件的指令是 HIDEOBJECTS

　　(C) 隔離物件的指令是 DISPLAYOBJECTS

　　(D) 隔離物件的指令是 ISOLATEOBJECTS

　　答案：BD

7-21. 可同時測量距離半徑、角度、面積、體積的指令或預設快捷鍵，下列哪些正確？（**複選**）

(A) 指令 MEASUREGEOM

(B) 指令 MEASUREMAN

(C) 預設快捷鍵 MG

(D) 預設快捷鍵 MEA

答案：AD

7-22. 欲查詢一條 LINE 的線長，下列哪些指令可完成？（**複選**）

(A) LIST

(B) DIST

(C) LENGTHEN

(D) MEASUREGEOM

答案：ABCD

7-23. 欲查詢一個 CIRCLE 的周長，下列哪些指令可完成？（**複選**）

(A) LIST

(B) DIST

(C) LENGTHEN

(D) AREA

答案：ACD

7-24. 欲查詢一個封閉聚合線的面積，下列哪些指令可完成？（**複選**）

(A) LIST

(B) DIST

(C) LENGTHEN

(D) AREA

答案：AD

7-25. 欲查詢一個 CIRCLE 的直徑，下列哪些指令可完成？（**複選**）

(A) LIST

(B) DIST

(C) PROPERTIES

(D) AREA

答案：BC

7-26. 欲查詢某一物件所在的圖層，下列哪些指令或操作可完成？（**複選**）

(A) LIST

(B) 單碰該物件後，開啟性質選項板

(C) 懸停於該物件

(D) MEASUREGEOM

答案：ABC

7-27. 可被 AREA 直接查詢面積的單一物件有下列哪些？（**複選**）

(A) 封閉聚合線

(B) 圖塊

(C) 面域

(D) 填充線

答案：ACD

7-28. 有關查詢時顯示的數值精確度，下列哪些指令或預設快捷鍵可完成？

（**複選**）

(A) UNITS

(B) UN

(C) DIMSTYLE

(D) D

答案：AB

4-1-8　第八類：AutoCAD 文字註解&表格設定能力

本書範例題目內容為認證題型與命題方向之示範，正式測驗試題不以範例題目為限。

8-01. 有關 TEXT 指令的敘述，下列哪些正確？（**複選**）

(A) DTEXT 等於 TEXT

(B) DTEXT 不等於 TEXT

(C) 預設快捷鍵是 DT

(D) 預設快捷鍵是 T

答案：AC

8-02. TEXT 書寫文字時，下列哪些選項可以將文字控制於二點之間？（**複選**）

(A) M

(B) A

(C) R

(D) F

答案：BD

8-03. TEXT 書寫文字時，下列哪些選項可以將文字置中對齊？（**複選**）

(A) M

(B) A

(C) F

(D) MC

答案：AD

8-04. TEXT 書寫文字時，輸入選項 S 代表下列哪一項意義？

(A) 選取欲使用的字型（字型必須事先設定完成）

(B) 選取欲使用的字型（字型若不存在，自動建立）

(C) 代表 STANDARD 字型

(D) 選擇其他特殊的對齊方式

答案：A

8-05. 執行 TEXT 書寫文字後，再一次執行，若在「指定文字的起點」提示下
按下[Enter]鍵代表下列哪一項意義？

　　(A) 文字會直接放在前一行文字之下（延續之前的對齊法但不延續字高）
　　(B) 文字會直接放在前一行文字之下（重新要求輸入對齊法但延續字高）
　　(C) 文字會直接放在前一行文字之下（延續之前的對齊法&字高&角度）
　　(D) 文字會直接放在前一行文字之下（重新要求輸入對齊法&字高&角度）

　　答案：C

8-06. 欲產生文字的頂線，文字控制碼為下列哪一項？

　　(A) %%c
　　(B) %%p
　　(C) %%d
　　(D) %%o

　　答案：D

8-07. 欲產生文字的底線，文字控制碼為下列哪一項？

　　(A) %%u
　　(B) %%p
　　(C) %%d
　　(D) %%o

　　答案：A

8-08. 欲產生文字的角度符號，文字控制碼為下列哪一項？

　　(A) %%u
　　(B) %%p
　　(C) %%d
　　(D) %%o

　　答案：C

8-09. 欲產生文字的直徑符號，文字控制碼為下列哪一項？

(A) %%p

(B) %%c

(C) %%d

(D) %%o

答案：B

8-10. 欲產生文字的正負符號，文字控制碼為下列哪一項？

(A) %%p

(B) %%c

(C) %%d

(D) %%o

答案：A

8-11. 執行 TEXT 書寫文字時的高度，下列哪些正確？（**複選**）

(A) 字型若有設定高度，寫字時不問字高

(B) 字型若有設定高度，寫字時還是會問字高

(C) 對正方式選 A，不問字高

(D) 字型設定高度＝0 時，對正方式選 F，不問字高

答案：AC

8-12. 下列哪一項字體名稱是 AutoCAD 中文版內附贈的繁體中文字體？

(A) CHINA.SHX

(B) CHINESET.SHX

(C) BIGFONT.SHX

(D) EXTFONT.SHX

答案：B

8-13. 欲更名文字字型，下列哪些指令可完成？（**複選**）

(A) -STYLE

(B) STYLE

(C) RENAME

(D) TEXT

答案：BC

8-14. 在字型設定，若將字體設定為標楷體，則下列哪一項效果無法設定？

(A) 上下顛倒

(B) 左右相反

(C) 垂直

(D) 寬度係數

答案：C

8-15. 有關定義 AutoCAD 應該如何轉換找不到的字體，下列敘述哪些正確？
（**複選**）

(A) 預設的檔案是 FONT.FMP

(B) 預設的檔案是 ACAD.FMP

(C) 可由「OPTIONS 選項/檔案」，字體對映檔設定

(D) 可由「OPTIONS 選項/系統」，字體對映檔設定

答案：BC

8-16. 在 MTEXT 多行文字的自動堆疊文字控制中，可接受下列哪些字元？
（**複選**）

(A) $

(B) /

(C) ^

(D) #

答案：BCD

8-17. 如附圖所示，在 MTEXT 多行文字的自動堆疊文字後，要產生 1/3 堆疊效果的輸入內容，下列哪一項正確？

(A) 1/3

(B) 1//3

(C) 1#3

(D) 1^3

答案：C

8-18. 有關 MTEXT 多行文字的敘述下列哪些正確？（複選）

(A) 預設快捷鍵是 T

(B) 預設快捷鍵是 MT

(C) 無法用 EXPLODE 分解成單行文字

(D) 可以用 EXPLODE 分解成單行文字

答案：ABD

8-19. FIND 尋找與取代的選項中有效的物件包含下列哪些？（複選）

(A) 圖塊屬性值

(B) 標註或引線文字

(C) 單行或多行文字

(D) 表格文字

答案：ABCD

8-20. 僅能變更單行文字內容而不變更該文字物件的格式化或性質，下列哪些正確？（**複選**）

(A) DDEDIT

(B) TEXTED

(C) 左鍵快按該文字二下

(D) 右鍵快按該文字二下

答案：AC

8-21. 欲調整所選文字的字高或比例大小，最佳的指令是下列哪一項？

(A) SCALE

(B) SCALETEXT

(C) PROPERTIES

(D) DDEDIT

答案：B

8-22. 下列哪些指令可以改變文字的字高？（**複選**）

(A) SCALE

(B) SCALETEXT

(C) PROPERTIES

(D) JUSTIFYTEXT

答案：ABC

8-23. 在不變更所選取文字物件位置的情況下變更該文字物件的對正點，下列哪些可完成？（**複選**）

(A) JUSTIFYTEXT

(B) SCALETEXT

(C)

(D)

答案：AC

8-24. 有關 MTEXT 多行文字寫入時，按右鍵呼叫快顯功能表，下列項目哪些正確？（**複選**）

(A) 匯入文字

(B) 變更大小寫

(C) 插入功能變數

(D) 背景遮罩

答案：ABCD

8-25. 對於「多行文字/背景遮罩/圖框偏移係數」的設定範圍，下列哪一項正確？

(A) 0 到 5

(B) 1 到 5

(C) 0 到 10

(D) 1 到 10

答案：B

8-26. 有關表格型式，下列哪些正確？（**複選**）

(A) 預設快捷鍵是 TS

(B) 指令是 TABSTYLE

(C) 指令是 TABLESTYLE

(D) 工具圖示是 ⊞

答案：AC

8-27. 「表格型式/新建」，儲存格型式可有下列哪些設定項目？（**複選**）

(A) 標頭

(B) 標尾

(C) 資料

(D) 標題

答案：ACD

8-28.「表格型式/新建」，方向控制有下列哪些？（**複選**）

(A) 向上

(B) 向下

(C) 向左

(D) 向右

答案：AB

8-29. 建立表格，下列哪些正確？（**複選**）

(A) 預設快捷鍵是 TB

(B) 指令是 TABLE

(C) 工具圖示是

(D) 工具圖示是

答案：ABD

8-30.「建立表格/儲存格內選取插入圖塊」，下列哪些正確？（**複選**）

(A) 可設定圖塊自動填入表格內

(B) 可設定圖塊角度

(C) 儲存格的對齊方式有六種

(D) 儲存格的對齊方式有九種

答案：ABD

8-31.「編輯表格/儲存格」，下列哪些正確？（**複選**）

(A) 可以插入圖塊

(B) 可以插入功能變數

(C) 可以插入公式

(D) 可以插入影像

答案：ABC

8-32. 匯出表格資料，匯出的檔案類型為下列哪一項？

(A) *.TAB

(B) *.TSV

(C) *.CSV

(D) *.CAB

答案：C

8-33. 複製 EXCEL 表格後，欲轉換成 AutoCAD「表格」資料放置於圖面，要使用下列哪一項功能才能完成？

(A) 「貼上/AutoCAD 圖元」

(B) 「選擇性貼上/AutoCAD 圖元」

(C) 「匯入/AutoCAD 圖元」

(D) 「插入物件/AutoCAD 圖元」

答案：B

8-34. FIELD 功能變數，插入儲存日期後，正常狀況下，若重新下完 SAVE 指令，則有關圖面中該功能變數文字資料，下列哪一項正確？

(A) 該功能變數文字不會變更

(B) 該功能變數文字會變更，但是要下達 REGEN 指令

(C) 該功能變數文字會立刻自動變更

(D) 該功能變數文字會變更，但是要下達 FIELDREGEN 指令

答案：C

8-35. FIELD 功能變數，插入檔名，可以控制的顯示資料內容為下列哪些？（**複選**）

(A) 僅檔名

(B) 僅路徑

(C) 路徑與檔名

(D) 顯示副檔名開關

答案：ABCD

8-36. FIELD 功能變數，插入檔名後，正常狀況下，若另存新檔重新命名，則有關圖面中該功能變數文字資料，下列哪一項正確？

(A) 該功能變數文字會立刻自動變更

(B) 該功能變數文字會變更，但是要下達 REGEN 指令

(C) 該功能變數文字不會變更

(D) 該功能變數文字會變更，但必須重新 OPEN 該圖檔

答案：A

8-37. FIELD 功能變數，控制功能變數更新設定，所在位置是下列哪一項？

(A)「選項/系統」

(B)「選項/顯示」

(C)「選項/使用者偏好」

(D)「選項/開啟與儲存」

答案：C

8-38. 以性質控制表格的表格切斷，可調整的項目有哪些？（**複選**）

(A) 方向

(B) 間距

(C) 是否重複上部標示

(D) 截斷高度

答案：ABCD

8-39. 有關資料連結管理員的功能描述，下列描述何者正確？（**複選**）

(A) 指令是 DATALINK

(B) 指令是 EXCELLINK

(C) 可連結的檔案類型是*.XLS、*.XLSX、*.CSV

(D) 可連結的檔案類型是*.XLS、*.XLSX、*.DOC、*.DOCX

答案：AC

4-1-9 第九類：AutoCAD 填充線、填實&遮蔽操作能力

本書範例題目內容為認證題型與命題方向之示範，正式測驗試題不以範例題目為限。

9-01. 公制的填充線樣式檔之檔名為下列哪一項？

(A) ACADISO.PGP

(B) ACAD.PGP

(C) ACADISO.PAT

(D) ACAD.PAT

答案：C

9-02. 欲叫出 HATCH 填充線與漸層對話框，下列哪些正確？（**複選**）

(A) 「HATCH/S」

(B) 「HATCH/T」

(C) 「填充線頁籤/選項功能區面板/面板對話框啟動器」

(D) 「填充線頁籤/性質功能區面板/面板對話框啟動器」

答案：BC

9-03. HATCH 填充線建立的類型中，下列哪一項可以控制間距？

(A) 預先定義

(B) 使用者定義

(C) 實體

(D) 漸層

答案：B

9-04. HATCH 填充線建立的類型中，下列哪些可調整比例？（**複選**）

(A) GRASS

(B) STARS

(C) SOLID

(D) GRAVEL

答案：ABD

9-05. HATCH 填充線建立的類型中，代表混凝土砂石斷面的樣式為下列哪一項？

(A) AR-CONC

(B) AR-SAND

(C) GRASS

(D) GRAVEL

答案：A

9-06. HATCH 填充線建立的類型中，代表碎石砂礫的樣式為下列哪一項？

(A) HONEY

(B) STAR

(C) GRASS

(D) GRAVEL

答案：D

9-07. 填充線與漸層對話框的原點若預設為邊界實際範圍，下拉選單共有幾個選項，下列哪一項正確？

(A) 四項（左上、左下、右上、右下）

(B) 五項（左上、左下、右上、右下、中心點）

(C) 六項（左上、左下、右上、右下、左中、右中）

(D) 七項（左上、左下、右上、右下、左中、右中、中心點）

答案：B

9-08. 對於未封閉的邊界製作填充線，下列哪一項可設定間隙公差系統變數？

(A) HPGAP

(B) HATGAP

(C) HATCHGAP

(D) HPGAPTOL

答案：D

9-09. 填充線與漸層對話框操作中，包含下列哪些選項開關？（**複選**）

(A) 可註解

(B) 關聯式

(C) 建立獨立填充線

(D) 是否分解

答案：ABC

9-10. 填充線與漸層對話框操作中，包含下列哪些填充線設定？（**複選**）

(A) 顏色

(B) 背景

(C) 圖層

(D) 透明度

答案：ABCD

9-11. 填充線與漸層對話框操作中，孤立物件偵測顯示型式有下列哪些？

（**複選**）

(A) 內側

(B) 一般

(C) 外側

(D) 忽略

答案：BCD

9-12. 填充線與漸層對話框操作中，邊界保留的物件類型有下列哪些？（**複選**）

(A) 聚合線

(B) 雲形線

(C) 實面

(D) 面域

答案：AD

9-13. 填充線與漸層對話框操作中，填充線的繪製順序有幾種？

(A) 3 種

(B) 5 種

(C) 7 種

(D) 9 種

答案：B

9-14. 填充線與漸層對話框操作中，填充線透明度設定的有效範圍為下列哪一項？

(A) 0~10

(B) 0~50

(C) 0~90

(D) 0~100

答案：C

9-15. 「填充線建立頁籤/性質面板/填充線類型選單」共有下列哪些？（**複選**）

(A) 實體

(B) 漸層

(C) 樣式

(D) 使用者定義

答案：ABCD

9-16. 漸層填滿的操作中，下列哪些正確？（**複選**）

(A) 可以選擇一種或二種顏色

(B) 可以設定漸層的間距

(C) 可以調整漸層的透明度

(D) 可以設定漸層的角度&是否置中

答案：ACD

9-17. 漸層填滿的操作中，下列哪些正確？（**複選**）

(A) 可以選擇原來的 256 種顏色

(B) 可以選擇 RGB 全彩顏色

(C) 可以選擇 HSL 全彩顏色

(D) 可以選擇協力廠商顏色表（如 PANTONE）

答案：ABCD

9-18. 於孤立物件偵測，一般狀況下建立封閉區域填充線，若偵測到內部的文字或標註文字時，會產生下列哪一種狀況？

(A) 不受文字影響，但受到標註文字影響

(B) 不受標註影響，但受到文字影響

(C) 皆不受影響

(D) 皆受到影響

答案：D

9-19. 有關漸層填滿的指令或預設快捷鍵，下列哪些正確？（**複選**）

(A) 預設快捷鍵是 GD

(B) 預設快捷鍵是 GH

(C) 指令是 GRADIENT

(D) 指令是 GRADHAT

答案：AC

9-20. 在封閉區域內欲建立與圖面中 A 填充線物件相同的填充線，下列哪些正確？（**複選**）

(A)「填充線與漸層對話框/繼承性質」

(B)「填充線建立頁籤/選項面板/複製性質」

(C)「碰選 A 物件/快顯功能表/加入所選物件」

(D) 複製性質 MATCHPROP

答案：ABC

9-21. 遮蔽的指令，下列哪一項正確？

　　(A) 指令 WIPEIN

　　(B) 指令 WIPEOUT

　　(C) 指令 WIPEON

　　(D) 指令 WIPEOFF

　答案：B

9-22. 對於建立遮蔽物件的物件轉換，下列哪些物件無法轉換？（**複選**）

　　(A) 封閉的雲形線

　　(B) 圓、橢圓

　　(C) 由線段與弧組成的聚合線

　　(D) 由線段組成的封閉聚合線

　答案：ABC

9-23. 欲關閉遮蔽的外框線，下列動作哪一項正確？

　　(A) 「WIPEOUT/P/ON」

　　(B) 「WIPEOUT/P/OFF」

　　(C) 「WIPEOUT/F/ON」

　　(D) 「WIPEOUT/F/OFF」

　答案：D

9-24. 有關 WIPEOUT 遮蔽的特性，下列哪些正確？（**複選**）

　　(A) 可用掣點拉伸各頂點

　　(B) 不可用掣點拉伸各頂點

　　(C) 同其他物件一樣，接受圖層的開關規範

　　(D) 同其他物件不同，不受圖層的開關規範

　答案：AC

4-1-10 第十類：AutoCAD 物件相關資料設定能力

本書範例題目內容為認證題型與命題方向之示範，正式測驗試題不以範例題目為限。

10-01. 有關圖層性質管理員的敘述，下列哪些正確？（**複選**）

(A) 預設快捷鍵是 LA

(B) 預設快捷鍵是 LAY

(C) 工具圖示是

(D) 工具圖示是

答案：AC

10-02. 有關圖層性質管理員的錨定位置，下列哪些正確？（**複選**）

(A) 可錨定左側

(B) 可錨定右側

(C) 可錨定上方

(D) 可錨定下方

答案：AB

10-03. 有關圖層性質管理員的圖層設定功能，下列哪些正確？（**複選**）

(A) 可設定圖層是否出圖

(B) 可設定圖層的顏色與線型

(C) 可設定圖層的敘述

(D) 可設定圖層的透明度

答案：ABCD

10-04. 有關圖層 0 層的敘述，下列哪些正確？（**複選**）

(A) 0 層可以被更名

(B) 0 層可以被刪除

(C) 0 層可以被鎖住

(D) 0 層可以被關閉

答案：CD

10-05. 有關目前層的敘述,下列哪些正確?(**複選**)

    (A) 目前層可以被關閉

    (B) 目前層可以被凍結

    (C) 目前層可以被鎖住

    (D) 目前層可以被刪除

  答案:AC

10-06. 圖層性質管理員的圖層無法刪除下列哪些圖層?(**複選**)

    (A) 0 層 & Defpoints 層

    (B) 目前層

    (C) 外部參考從屬圖層

    (D) 含有物件的圖層

  答案:ABCD

10-07. 圖層狀態管理員匯出的副檔名為下列哪一項?

    (A) *.LAY

    (B) *.LAS

    (C) *.LAB

    (D) *.LAK

  答案:B

10-08. 圖層篩選設定,若只想找出所有圖層名稱前 4 個字為 WALL 的所有圖層,該如何設定過濾條件,下列哪一項正確?

    (A) WALL

    (B) WALL?

    (C) WALL*

    (D) *WALL*

  答案:C

10-09. 當執行 ERASE 指令後，以 ALL 方式選取物件，下列哪些圖層的物件不會被刪除？（**複選**）

(A) 關閉的圖層

(B) 凍結的圖層

(C) 鎖住的圖層

(D) 設定不出圖的圖層

答案：BC

10-10. 欲提高 ZOOM、PAN 與許多其他操作的執行速度、提昇物件選取的效能並減少複雜圖面的重生時間，應該對該圖層執行下列哪一項動作？

(A) 關閉圖層

(B) 凍結圖層

(C) 鎖住圖層

(D) 刪除圖層

答案：B

10-11. 下列哪些指令可以刪除未使用的圖層？（**複選**）

(A) PURGE

(B) LAYLCK

(C) LAYER

(D) LAYDEL

答案：ACD

10-12. 有關 LAYDEL 刪除圖層的功能特性，下列哪些正確？（**複選**）

(A) 刪除圖層上所有物件，並清除該圖層

(B) 刪除圖層上所有物件，但是不清除該圖層

(C) 會刪除所有圖塊定義中該圖層上的物件，並重新定義圖塊

(D) 不會刪除圖塊定義中該圖層上的物件

答案：AC

10-13. 有關 LAYDEL 刪除圖層的指令敘述，下列哪些正確？（**複選**）

(A) 無法刪除目前層

(B) 無法刪除 Defpoints 圖層

(C) 無法刪除凍結的圖層

(D) 無法刪除鎖住的圖層

答案：AD

10-14. 有關圖層在目前的視埠中凍結，下列哪些正確？（**複選**）

(A) 在模型空間可以執行

(B) 在視埠之浮動模型空間中可以執行

(C) 在配置之圖紙空間中可以執行

(D) 其他視埠中的同一圖層不受影響

答案：BCD

10-15. 欲將目前圖層設定為所選物件的圖層，下列哪一項正確？

(A) LAYERMCUR

(B) LAYMCUR

(C) LAYMKCUR

(D) LAYERMKCUR

答案：B

10-16. 下列哪些指令或預設快捷鍵可以呼叫執行圖層狀態管理員？（**複選**）

(A) LAYERSTATE

(B) LAYERSTATES

(C) LTS

(D) LAS

答案：AD

10-17. 下列哪些指令或預設快捷鍵可以呼叫執行線型管理員？（**複選**）

(A) LINESTYLE

(B) LINETYPE

(C) LP

(D) LT

答案：BD

10-18. 點型式的設定對下列哪些指令有影響？（**複選**）

(A) ELLIPSE

(B) MEASURE

(C) DIVIDE

(D) POINT

答案：BCD

10-19. 有關設定線粗，下列哪些正確？（**複選**）

(A) 指令是 LWIDTH

(B) 指令是 LWEIGHT

(C) 預設快捷鍵是 LW

(D) 可按[F12]功能鍵來開關

答案：BC

10-20. RENAME 能變更的具名物件有下列哪些？（**複選**）

(A) 線型&文字型式

(B) 視埠&視圖

(C) 圖塊&圖層

(D) 表格型式&標註型式

答案：ABCD

10-21. 欲同時更改多個圖層名稱，且都加上 WALL-，則 RENAME 更名時新名稱該如何輸入，下列哪一項正確？

(A) WALL-$

(B) WALL-？

(C) WALL-#

(D) WALL-*

答案：D

10-22. 欲執行圖層轉換器，下列哪些正確？（**複選**）

(A) 工具圖示是

(B) 工具圖示是

(C) 指令是 LAYTRANS

(D) 指令是 LAYTRAN

答案：AC

10-23. 圖層轉換對映可以儲存成下列哪些檔案類型？（**複選**）

(A) *.DWG

(B) *.DWT

(C) *.DXF

(D) *.DWS

答案：AD

10-24. 有關圖層轉換對映的敘述，下列哪些正確？（**複選**）

(A) 對映時，舊的圖層名稱可以複選

(B) 對映時，新的圖層名稱可以複選

(C) 轉換的新圖層來源檔案類型有三種（*.DWG、*.DXF 、*.DWS）

(D) 轉換的新圖層來源檔案類型有三種（*.DWG、*.DWT、*.DWS）

答案：AD

10-25. 圖層性質管理中，「新群組篩選」的圖示為下列哪一項？

(A)  ![icon]

(B)  ![icon]

(C)  ![icon]

(D) 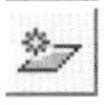 ![icon]

答案：B

10-26. 圖層性質管理中，圖示 ![icon] 的代表意義為下列哪一項？

(A) 設為目前層

(B) 開啟圖層

(C) 解凍圖層

(D) 選取圖層

答案：A

10-27. 圖層性質管理中，有關性質篩選&群組篩選，下列哪一項正確？

(A) 只能群組篩選名稱轉換為性質篩選名稱

(B) 只能性質篩選名稱轉換為群組篩選名稱

(C) 性質篩選名稱&群組篩選名稱彼此可以雙向互轉

(D) 性質篩選名稱&群組篩選名稱彼此不可以互轉

答案：B

10-28. 圖層性質管理中，有關外部參考圖層，下列哪些正確？（**複選**）

(A) 外部參考的圖層群組是自動產生的

(B) 外部參考的圖層群組是手動產生的

(C) 若有 3 張外部參考的圖檔，會自動形成 3 個子群組

(D) 若有 3 張外部參考的圖檔，不會個別形成子群組

答案：AC

10-29. 圖層性質管理中，下列功能敘述哪些正確？（**複選**）

(A) 圖層可以加上敘述

(B) 群組可以加上敘述

(C) 所有未使用的圖層會自動形成一個群組

(D) 所有使用中的圖層會自動形成一個群組

答案：AD

10-30. 圖層功能面板中，能關閉碰選物件的圖層指令是下列哪一項？

(A) LAYOFF

(B) LAYEROFF

(C) OFFLAY

(D) OFFLAYER

答案：A

10-31. 有關鎖住圖層與圖層隔離的描述，下列哪些正確？（**複選**）

(A) 被鎖住的圖層無法控制顯示的濃淡

(B) 被鎖住的圖層可由圖層功能面板控制顯示的濃淡

(C) 圖層隔離的指令是 LAYDIV

(D) 圖層隔離的指令是 LAYISO

答案：BD

10-32. 圖層功能面板中，有關圖層合併的描述，下列哪些正確？（**複選**）

(A) 指令是 LAYJOIN

(B) 指令是 LAYMRG

(C) 合併後，會清除原始圖層

(D) 合併後，不會清除原始圖層

答案：BC

4-1-11 第十一類：AutoCAD 插入物件&動態圖塊相關操作能力

本書範例題目內容為認證題型與命題方向之示範，正式測驗試題不以範例題目為限。

11-01. 有關 BLOCK 建立內部圖塊，下列哪些正確？（**複選**）

(A) 沒有用的內部圖塊可用 PURGE 清除

(B) 沒有用的內部圖塊不會增加圖檔大小

(C) 內部圖塊可透過 INSERT 指令插入其他圖面

(D) 內部圖塊可透過工具選項板拖曳插入其他圖面

答案：AD

11-02. 圖塊建立時，選取後的物件有下列哪些處理方式？（**複選**）

(A) 保留

(B) 隱藏

(C) 轉換為圖塊

(D) 刪除

答案：ACD

11-03. 有關 0 層物件建立圖塊時的顏色影響，下列哪些正確？（**複選**）

(A) 建立時若物件顏色為 bylayer，則 INSERT 後顏色=所屬圖層顏色

(B) 建立時若物件顏色為 byblock，則 INSERT 後顏色=CECOLOR 設定

(C) 建立時若物件顏色為 bylayer，則可單獨變更圖塊顏色

(D) 建立時若物件顏色為 byblock，則可單獨變更圖塊顏色

答案：ABD

11-04. 若圖塊建立時，圖塊單位設定為公分，以設計中心拖曳到設定單位為公釐 mm 的圖面後，圖塊大小會發生下列哪一項情形？

(A) 自動放大十倍

(B) 自動縮小十倍

(C) 大小不變

(D) 無法控制

答案：A

11-05. WBLOCK 製作圖塊成檔案的來源有下列哪些？（**複選**）

    (A) 圖塊

    (B) 整個圖面

    (C) 物件

    (D) 局部範圍

    答案：ABC

11-06. WBLOCK 與 BLOCK 的差異，下列哪些正確？（**複選**）

    (A) BLOCK 建立同時可加入敘述，WBLOCK 則無

    (B) WBLOCK 建立同時可加入敘述，BLOCK 則無

    (C) BLOCK 只存在目前圖面中，而 WBLOCK 可寫成外部檔案

    (D) BLOCK 建立時可同時指定超連結，WBLOCK 指令則無

    答案：ACD

11-07. WBLOCK 指令能寫出的檔案類型有下列哪些？（**複選**）

    (A) *.DWG

    (B) *.DWT

    (C) *.DWS

    (D) *.DXF

    答案：AD

11-08. INSERT 指令能插入的檔案類型有下列哪些？（**複選**）

    (A) *.DWG

    (B) *.DWT

    (C) *.DXF

    (D) *.DWS

    答案：AC

11-09. 有關 MINSERT 指令插入的圖塊陣列，下列哪些正確？（**複選**）

    (A) 各種狀況都無法分解

    (B) 一列一行時可以分解

    (C) 可用「PROPERTIES 性質」調整列數&欄數

    (D) 可用「PROPERTIES 性質」調整列間距&欄間距

    答案：BCD

11-10. 插入外部圖塊 ABC.DWG 時發生錯誤訊息「圖塊 ABC 自身參考」的原因為下列哪一項？

    (A) 外部圖塊 ABC.DWG 內有一個同檔名圖層 ABC 定義

    (B) 外部圖塊 ABC.DWG 內有一個同檔名內部圖塊 ABC 定義

    (C) 外部圖塊 ABC.DWG 內有一個同檔名標註型式 ABC 定義

    (D) 外部圖塊 ABC.DWG 內有一個同檔名的配置 ABC 定義

    答案：B

11-11. 插入 XREF 外部參考時路徑類型選項有下列哪些？（**複選**）

    (A) 完整路徑

    (B) 相對路徑

    (C) 無路徑

    (D) 參考路徑

    答案：ABC

11-12. 插入 XREF 外部參考時參考類型選項有下列哪些？（**複選**）

    (A) 重疊

    (B) 結合

    (C) 貼附

    (D) 覆疊

    答案：CD

11-13. 外部參考框 FRAME 的值 ＝ 0，其意義為下列哪一項？

(A) 框不可見且不出圖

(B) 顯示框並允許將其出圖

(C) 顯示框，但不允許將其出圖

(D) 目前圖面中所有參考底圖各有不同的設定

答案：A

11-14. 外部參考框 FRAME 的值 ＝ 3，其意義為下列哪一項？

(A) 框不可見且不出圖

(B) 顯示框並允許將其出圖

(C) 顯示框，但不允許將其出圖

(D) 目前圖面中所有參考底圖各有不同的設定

答案：D

11-15. 如果執行 XREF 外部參考 DEMO.DWG 後，DEMO 圖內的 STR 層敘述下列哪些正確？（**複選**）

(A) 圖層名稱會變成 DEMO|STR

(B) 圖層名稱會變成 DEMO-STR

(C) 該圖層可以更名

(D) 該圖層可以關閉或凍結

答案：AD

11-16. 使用 XBIND 第一次併入外部參考 DEMO.DWG 圖內的 TXT 層敘述，下列哪一項正確？

(A) 圖層名稱會變成 DEMO$$TXT

(B) 圖層名稱會變成 DEMO$$TXT

(C) 圖層名稱會變成 DEMO$TXT

(D) 圖層名稱會變成 DEMO0TXT

答案：D

11-17. 欲擷取外部參考的局部範圍，下列指令或預設快捷鍵哪些正確？（**複選**）

    (A) 指令是 CLIP

    (B) 指令是 XCLIP

    (C) 預設快捷鍵是 XR

    (D) 預設快捷鍵是 XC

    答案：ABD

11-18. 以「CLIP 擷取外部參考/新建邊界」，截取的類型有下列哪些？（**複選**）

    (A) 選取聚合線 S

    (B) 多邊形 P

    (C) 矩形 R

    (D) 反轉截取 I

    答案：ABCD

11-19. 現地編輯外部參考，下列哪些正確？（**複選**）

    (A) 指令是 XREFEDIT

    (B) 指令是 REFEDIT

    (C) 快速執行方式是左鍵快按該物件二下

    (D) 編輯後的原始外部參考圖檔內容不受影響

    答案：BC

11-20. 外部參考選項板可貼附的檔案類型有下列哪些？（**複選**）

    (A) *.DWG

    (B) *.DWF

    (C) *.DGN

    (D) *.PDF

    答案：ABCD

11-21. 外部參考選項板中可顯示貼附影像的資訊有下列哪些？（**複選**）

(A) 影像大小（像素）

(B) 影像的儲存路徑

(C) 影像的建立日期

(D) 影像的解析度

答案：ABD

11-22. 以「CLIP 截取影像/新建邊界」，截取的類型有下列哪些？（**複選**）

(A) 選取聚合線 S

(B) 多邊形 P

(C) 矩形 R

(D) 圓 C

答案：ABC

11-23. IMAGEADJUST 影像調整可調整的項目有下列哪些？（**複選**）

(A) 解析度

(B) 亮度

(C) 對比

(D) 濃淡

答案：BCD

11-24. 執行 BLOCK 指令操作時，下列哪些項目存在於對話框畫面？（**複選**）

(A) 檔案名稱與路徑

(B) 允許分解

(C) 超連結

(D) 在圖塊編輯器中開啟

答案：BCD

11-25. 控制貼附至圖面的*.DWF、*.DWFX、*.PDF 和*.DGN 參考底圖之幾何
圖形的物件鎖點是否作用，是下列哪一項系統變數？

(A) UOSNAP

(B) VOSNAP

(C) WOSNAP

(D) XOSNAP

答案：A

11-26. 「圖塊編輯器」的指令或預設快捷鍵，下列哪些正確？（**複選**）

(A) 圖塊編輯器的指令名稱是 BEDIT

(B) 圖塊編輯器的指令名稱是 BLOCKEDIT

(C) 圖塊編輯器的預設快捷鍵是 BE

(D) 圖塊編輯器的預設快捷鍵是 BD

答案：AC

11-27. 圖塊編輯器的背景顏色調整，下列哪些正確？（**複選**）

(A) 可從「選項/使用者偏好/顏色」調整

(B) 可從「選項/系統/顏色」調整

(C) 可從「選項/製圖/顏色」調整

(D) 可從「選項/顯示/顏色」調整

答案：CD

11-28. 下列哪些是圖塊編輯器中的「參數」？（**複選**）

(A) 點參數

(B) 線性參數

(C) 圓參數

(D) 弧參數

答案：AB

4-1-12 第十二類：AutoCAD 尺寸標註設定能力

> 本書範例題目內容為認證題型與命題方向之示範，正式測驗試題不以範例題目為限。

12-01. 有關標註型式管理員指令，下列敘述哪些正確？（**複選**）

    (A) 指令是 DSTYLE

    (B) 指令是 DIMSTYLE

    (C) 預設快捷鍵是 D

    (D) 預設快捷鍵是 DS

    答案：BC

12-02. 標註型式管理員中若由 ISO-25 執行新建標註型式，下列敘述哪些正確？（**複選**）

    (A) 若選擇用於「所有標註」，則型式名稱可以自訂

    (B) 若選擇非用於「所有標註」，則型式名稱無法自訂

    (C) 若選擇用於「所有標註」，則表示為 ISO-25 的子型式

    (D) 若選擇非用於「所有標註」，則表示為 ISO-25 的子型式

    答案：ABD

12-03. 標註型式的設定項目「符號與箭頭」，下列敘述哪些正確？（**複選**）

    (A) 可控制選擇中心標記

    (B) 可控制延伸線長度是否固定

    (C) 可控制標註切斷的切斷大小

    (D) 可控制弧長符號的位置

    答案：ACD

12-04. 標註型式的設定項目「文字」，下列哪些正確？（**複選**）

    (A) 可設定文字的顏色&高度

    (B) 文字對齊方式有 3 種選項

    (C) 可控制是否繪製文字框

    (D) 可控制文字是否加頂線或底線

    答案：ABC

12-05. 標註型式的設定項目「填入」，下列哪些正確？（**複選**）

    (A) 可控制整體標註比例

    (B) 可控制是否依配置調整標註比例

    (C) 可控制是否手動放置文字

    (D) 可控制標註比例是否可註解

    答案：ABCD

12-06. 標註型式的設定項目「主要單位」，下列哪些正確？（**複選**）

    (A) 可控制線性標註的單位格式、精確度、小數分隔符號

    (B) 可控制線性標註的測量比例係數

    (C) 可設定線性標註的對照單位

    (D) 可控制角度標註的單位格式、精確度、零抑制

    答案：ABD

12-07. 標註型式的設定項目「公差/方式」，會出現 $^{+0.25}_{-0.35}$ 的是下列哪一項？

    (A) 對稱

    (B) 偏差

    (C) 上下限

    (D) 基本

    答案：B

12-08. 欲標註一條斜線的水平尺寸值，最佳的方法應該於 DIMLINEAR 指令下達後執行下列哪一項動作？

    (A) 直接碰選該線

    (B) 直接抓取線的二個端點

    (C) 先按下[Enter]後再碰選該線

    (D) 直接按下[Ctrl]+碰選該線

    答案：C

12-09. 欲使用線性標註 DIMLINEAR 標註一個圓（半徑 35.8）的垂直直徑尺寸，
於指定標註線位置前，可用文字 T 修改其標註文字內容為下列哪一項？

(A) %%c[]

(B) %%c71.6

(C) %%c<>

(D) %%c<71.6>

答案：C

12-10. 線性標註除標註垂直與水平外，欲指定標註線的角度，需輸入下列哪一
項？

(A) 角度 A

(B) 旋轉 R

(C) 傾斜 O

(D) 以上皆非，應使用 DIMALIGNED 對齊式標註指令

答案：B

12-11. 角度標註，可碰選的物件包括下列哪些？（**複選**）

(A) 弧 ARC

(B) 圓 CIRCLE

(C) 線 LINE

(D) 雲形線 SPLINE

答案：ABC

12-12. 欲標註一個弧的弦長，最佳的指令為下列哪一項？

(A) DIMLINEAR

(B) DIMALIGNED

(C) DIMANGULAR

(D) DIMARC

答案：B

12-13. 有關執行座標式標註，下列哪些正確？（**複選**）

(A) 標註前可先以 UCS 指令改變原點座標

(B) 標註後可先以 UCS 指令返回世界座標系統 WCS

(C) 標註完一組後，若搭配連續式標註，效率可大大提昇

(D) 標註完一組後，若搭配基線式標註，效率可大大提昇

答案：ABCD

12-14. 可搭配 DIMBASELINE 基線式標註的標註有下列哪些？（**複選**）

(A) 線性標註

(B) 對齊式標註

(C) 角度標註

(D) 半徑或直徑標註

答案：ABC

12-15. 有關 DIMBASELINE 基線式標註，下列哪些正確？（**複選**）

(A) 預設快捷鍵是 DBA

(B) 預設快捷鍵是 DBS

(C) 基準線間距值儲存於 DIMDLI 系統變數內

(D) 沒有任何標註時，無法執行基線式標註

答案：ACD

12-16. 可搭配 DIMCONTINUE 連續式標註的標註有下列哪些？（**複選**）

(A) 線性標註

(B) 對齊式標註

(C) 角度標註

(D) 半徑或直徑標註

答案：ABC

12-17. 快速標註可以選擇建立下列哪些標註類型？（複選）

　　　(A) 一系列連續式標註

　　　(B) 一系列基線式標註

　　　(C) 一系列座標式標註

　　　(D) 一系列直徑標註

　　答案：ABCD

12-18. 快速標註執行中，若輸入選項 E 可以做什麼，下列哪些正確？（複選）

　　　(A) 加入標註點

　　　(B) 移除標註點

　　　(C) 設定標註優先權為端點或交點

　　　(D) 設定標註的圖層

　　答案：AB

12-19. 有關標註文字編輯指令，下列哪些正確？（複選）

　　　(A) 指令是 DIMTEDIT

　　　(B) 指令是 DIMEDIT

　　　(C) 可同時選取多組標註進行標註文字編輯

　　　(D) 不可同時選取多組標註進行標註文字編輯

　　答案：AD

12-20.「碰選標註物件/按滑鼠右鍵/快顯功能表」能調整下列哪些標註項目？

　　　（複選）

　　　(A) 標註文字位置

　　　(B) 精確度

　　　(C) 標註型式

　　　(D) 翻轉箭頭

　　答案：BC

12-21. 對於線性或對齊式標註，「碰選標註物件/滑鼠懸停於文字掣點/快顯功能表」能調整下列哪些標註項目？（**複選**）

(A) 拉伸

(B) 僅移動文字

(C) 隨標註線移動

(D) 隨引線移動

答案：ABCD

12-22. 對於線性或對齊式標註，「碰選標註物件/滑鼠懸停於箭頭掣點/快顯功能表」能調整下列哪些標註項目？（**複選**）

(A) 拉伸

(B) 連續式標註

(C) 基線式標註

(D) 翻轉

答案：ABCD

12-23. 有關「標註/弧長」的指令，下列哪一項正確？

(A) DIMARC

(B) DIMARCLEN

(C) ARCLENGTH

(D) DIMARCLEN

答案：A

12-24. 有關「標註/弧長」的符號設定，下列哪些正確？（**複選**）

(A) 可設定不同的顏色

(B) 可設定不顯示

(C) 可設定放至於文字的上方或前面

(D) 可設定放至於文字的上方、下方、前面、後面

答案：BC

12-25. 有關「標註/轉折」的角度有效範圍，下列哪一項正確？

  (A) 0~90 度

  (B) 5~90 度

  (C) 10~90 度

  (D) 20~90 度

 答案：B

12-26. 有關標註空間 DIMSPACE 的敘述，下列哪些正確？（**複選**）

  (A) 間距值不可以為 0

  (B) 間距值可以為 0

  (C) 間距值可以為負數

  (D) 間距值不可為負數

 答案：BD

12-27. 有關 MLEADERCOLLECT 多重引線收集指令，下列哪些正確？（**複選**）

  (A) 適用所有多重引線

  (B) 僅適用於含圖塊的多重引線

  (C) 控制排列折行的選項代號是 K

  (D) 控制排列折行的選項代號是 W

 答案：BD

12-28. 有關多重引線型式管理員的內容，可預設的類型有下列哪些？（**複選**）

  (A) 多行文字

  (B) 單行文字

  (C) 圖塊

  (D) 無

 答案：ACD

4-1-13　第十三類：AutoCAD 配置&出圖設定能力

本書範例題目內容為認證題型與命題方向之示範，正式測驗試題不以範例題目為限。

13-01. 在模型空間&圖紙空間作視埠分割，下列哪些不同？（**複選**）

(A) 模型空間的視埠分割可建立具名的視埠，配置空間不行

(B) 配置空間的視埠分割可建立具名的視埠，模型空間不行

(C) 模型空間的視埠之間可以建立間距，配置空間不行

(D) 配置空間的視埠之間可以建立間距，模型空間不行

答案：AD

13-02. 在模型空間繪製主體圖形，下列哪一項錯誤？

(A) 可用 mm 公釐為繪圖單位，1:1 依實際尺寸繪製

(B) 可用 cm 公分為繪圖單位，1:1 依實際尺寸繪製

(C) 可用 m 公尺為繪圖單位，1:1 依實際尺寸繪製

(D) 必須依照所需的比例尺先將尺寸換算後再行繪製到圖面中

答案：D

13-03. 在公制的繪圖中，有關圖框的正確處理，下列哪一項較佳？

(A) 應該用 mm 公釐為圖框繪製單位建立圖塊，依比例尺調整大小插入於模型空間

(B) 應該用 mm 公釐為圖框繪製單位建立圖塊，1:1 插入於圖紙空間

(C) 應該用 cm 公分為圖框繪製單位建立圖塊，依比例尺調整大小插入於模型空間

(D) 應該用 cm 公分為圖框繪製單位建立圖塊，1:1 插入於圖紙空間

答案：B

13-04. 圖紙空間中轉換物件為視埠，下列哪些正確？（**複選**）

(A) 可以建立矩形的視埠

(B) 可以建立封閉不規則多邊形的視埠

(C) 可以建立圓形的視埠

(D) 可以建立橢圓形的視埠

答案：ABCD

13-05. 欲鎖住圖紙空間的視埠，下列操作哪些正確？（**複選**）

(A) 左鍵快按二下視埠

(B) 「碰選視埠/快速性質選項板」

(C) 「碰選視埠/性質選項板」

(D) 「碰選視埠/快顯功能表」

答案：CD

13-06. 被鎖住的視埠，下列哪些指令不能在其浮動模型空間內作用？（**複選**）

(A) TRIM

(B) ZOOM

(C) PAN

(D) MTEXT

答案：BC

13-07. 切換至新配置後，會自動建立一個視埠，欲取消此狀況，需到下列哪一項取消？

(A) 「選項/出圖」

(B) 「選項/使用者偏好」

(C) 「選項/顯示」

(D) 「選項/系統」

答案：C

13-08. 有關配置的特性，下列哪些正確？（**複選**）

(A) 配置中分為圖紙空間&視埠空間（浮動模型空間）

(B) 配置可以用 AutoCAD 設計中心拖曳&複製到其他圖面

(C) 配置可以用右鍵直接拖曳改變位置

(D) 配置可以用左鍵直接拖曳改變位置

答案：ABD

13-09. 欲建立新配置&建立 3 列 5 行間距皆為 2 的視埠陣列，下列指令哪些正確？（**複選**）

(A) VPORTS

(B) MVSETUP

(C) LAYOUTWIZARD

(D) PAGESETUP

答案：BC

13-10. 有關 PAGESETUP 頁面設置的特性，下列哪些正確？（**複選**）

(A) 每個配置都可以設定不同的頁面設置

(B) 頁面設置可用 AutoCAD 設計中心拖曳&複製到其他圖面

(C) 頁面設置可以匯出成*.PSP 檔案以方便匯入

(D) 頁面設置應該建立於樣板檔內，才不用每次重新建立

答案：AD

13-11. 有關 PSETUPIN 頁面設置的匯入，可從下列哪些檔案類型中執行匯入？（**複選**）

(A) *.DWG 圖檔

(B) *.DWT 樣板檔

(C) *.DXF 圖形交換檔

(D) *.DWS 圖形標準檔

答案：ABC

13-12. 出圖時，預設的 PC3 繪圖機規劃檔有下列哪些？（**複選**）

(A) DWF6 ePlot.pc3

(B) Publish To Web JPG.pc3

(C) Publish To Web PNG.pc3

(D) DWG To PDF.pc3

答案：ABCD

13-13. 出圖型式表中與顏色相關的敘述，下列哪些正確？（**複選**）

(A) 副檔名是 STB 檔

(B) 副檔名是 CTB 檔

(C) 可建立 255 個的出圖型式設定

(D) 可建立全彩數量的出圖型式設定

答案：BC

13-14. 有關具名的出圖型式表，下列哪些正確？（**複選**）

(A) 副檔名是 STB 檔

(B) 副檔名是 CTB 檔

(C) 同一顏色的物件，可以指定不同設定的具名型式

(D) 同一顏色的物件，只能指定相同設定的具名型式

答案：AC

13-15. 與顏色相關的出圖型式表中，預設彩色與黑白的檔案是下列哪些？

（**複選**）

(A) 彩色是 acad.ctb

(B) 彩色是 color.ctb

(C) 黑白是 black.ctb

(D) 黑白是 monochrome.ctb

答案：AD

13-16. 出圖戳記預設的欄位為下列哪些？（**複選**）

(A) 圖檔名稱

(B) 日期與時間

(C) 出圖設備名稱

(D) 圖檔大小

答案：ABC

13-17. 出圖戳記參數檔的副檔名為下列哪一項？

(A) *.PSP

(B) *.PST

(C) *.PAT

(D) *.PSS

答案：D

13-18. DWG To PDF.pc3 的性質「自訂性質畫面」，漸層預設的解析度為下列哪一項？

(A) 200 dpi

(B) 400 dpi

(C) 512 dpi

(D) 1024 dpi

答案：B

13-19. 一般的繪圖機，若選擇出圖到檔案，則會輸出成下列哪一項檔案類型？

(A) *.DWF

(B) *.PLG

(C) *.PLT

(D) *.PDF

答案：C

13-20. PLOT 出圖功能設定能調整下列哪些選項？（**複選**）

(A) 出圖戳記

(B) 在背景出圖

(C) 上下顛倒出圖

(D) 左右相反出圖

答案：ABC

13-21. PLOT 出圖與 PUBLISH 發佈後，能檢視詳細資料訊息的指令為下列哪一項？

(A) SHOWPLOTDETAILS

(B) VIEWPLOTDETAILS

(C) DISPLAYPLOTDETAILS

(D) CHECKPLOTDETAILS

答案：B

13-22. PUBLISH 批次出圖功能，下列哪些正確？（**複選**）

(A) 可發佈至多圖紙*.DWF 檔

(B) 可發佈至多圖紙*.DWFx 檔

(C) 可發佈至多圖紙*.PDF 檔

(D) 可發佈至多圖紙*.JPG 檔

答案：ABC

13-23. PUBLISH 批次出圖功能之發佈選項設定，下列哪些正確？（**複選**）

(A) 可設定多圖紙檔案或單一圖紙檔案

(B) 可設定加密碼保護

(C) 可設定包含圖塊資訊

(D) 可設定包含圖層資訊

答案：ABCD

13-24. PUBLISH 批次出圖載入圖紙清單，可接受下列哪些檔案類型？（**複選**）

(A) *.BP2

(B) *.BP3

(C) *.DSD

(D) *.PSP

答案：BC

13-25.「選項 OPTIONS/出圖與發佈」，出圖偏移量可設定相對於下列哪些原點？
（**複選**）

(A) 實際範圍

(B) 可列印區域

(C) 圖紙邊

(D) 模型邊

答案：BC

13-26. 以左鍵快按二次視埠框，得到的結果為下列哪一項？

(A) 視埠最大化

(B) 視埠最小化

(C) 視埠隱藏

(D) 視埠截取

答案：A

13-27. 有關快速檢視配置的描述，下列哪些正確？（**複選**）

(A) 指令是 QVLAYOUT

(B) 指令是 QVDRAWING

(C) 狀態列圖示是

(D) 狀態列圖示是

答案：AD

4-1-14 第十四類：AutoCAD 重要變數設定能力

> 本書範例題目內容為認證題型與命題方向之示範，正式測驗試題不以範例題目為限。

14-01. 欲查詢&瀏覽所有的 AutoCAD 系統變數，下列哪些可完成？（**複選**）

(A) 「F1 輔助說明/系統變數」

(B) 「指令 SYSVAR/ALL」

(C) 「指令 SETVAR/？/*」

(D) 「指令 SETVAR/*/？」

答案：AC

14-02. 欲查詢&瀏覽所有與尺寸標註有關系統變數，下列哪一項可完成？

(A) 「SETVAR/DIM*」

(B) 「SETVAR/DIM？」

(C) 「SETVAR/？/DIM*」

(D) 「SETVAR/*/DIM*」

答案：C

14-03. 控制傳統的下拉功能表展示或隱藏的系統變數名稱為下列哪一項？

(A) DISPLAYBAR

(B) POPUPBAR

(C) TOOLBAR

(D) MENUBAR

答案：D

14-04. 另存新檔時沒有出現對話框，只能由指令區進行操作，如何設定恢復正常，下列哪一項正確？

(A) 設定 FILEDIA = 0

(B) 設定 FILEDIA = 1

(C) 設定 CMDDIA = 0

(D) 設定 CMDDIA = 1

答案：B

14-05. 控制呼叫外部檔案時是否以對話框方式出現的系統變數名稱，為下列哪一項？

(A) FILEDIA

(B) CMDDIA

(C) ATTDIA

(D) OPENDIA

答案：A

14-06. 設定&紀錄目前圖層的系統變數名稱，為下列哪一項？

(A) ALAYER

(B) BLAYER

(C) CLAYER

(D) CELAYER

答案：C

14-07. 控制圖面在 Windows 工作列上的顯示方式之系統變數，為下列哪一項？

(A) WINDOWSBAR

(B) TASKBAR

(C) WORKBAR

(D) DISPLAYBAR

答案：B

14-08. 儲存 AutoCAD 版本之系統變數，為下列哪一項？

(A) ACADSN

(B) ACADNUM

(C) ACADNO

(D) ACADVER

答案：D

14-09. 有關系統變數的描述，下列哪些正確？（**複選**）

(A) DWGFILE 記錄目前的圖檔名

(B) DWGNAME 記錄目前的圖檔名

(C) DWGPATH 記錄目前圖檔的磁碟&路徑

(D) DWGPREFIX 記錄目前圖檔的磁碟&路徑

答案：BD

14-10. 設定&記錄自動儲存時間的系統變數名稱，為下列哪一項？

(A) TIME

(B) CDATE

(C) SAVETIME

(D) AUTOSAVE

答案：C

14-11. 設定&記錄鎖點框大小的系統變數名稱，為下列哪一項？

(A) APERTURE

(B) PICKBOX

(C) GRIPSIZE

(D) APBOX

答案：A

14-12. 設定&紀錄選取框大小的系統變數名稱，為下列哪一項？

(A) APERTURE

(B) PICKBOX

(C) GRIPSIZE

(D) APBOX

答案：B

14-13. 設定&紀錄掣點大小的系統變數名稱，下列哪一項正確？

(A) GPSIZE

(B) GSIZE

(C) GRIPSIZE

(D) GRSIZE

答案：C

14-14. 編輯操作選取物體後，控制物體能被亮顯，下列哪一項設定正確？

(A) BLIPMODE = 0

(B) BLIPMODE = 1

(C) HIGHLIGHT = 0

(D) HIGHLIGHT = 1

答案：D

14-15. 控制文字成為快速方框顯示模式，下列哪一項設定正確？

(A) QTEXTMODE = 0

(B) QTEXTMODE = 1

(C) TXTMODE = 0

(D) TXTMODE = 1

答案：B

14-16. 控制有寬度的聚合線&漸層填充線為不填滿模式，下列哪一項設定正確？

(A) FILLMODE = 0

(B) FILLMODE = 1

(C) FILLTYPE = 0

(D) FILLTYPE = 1

答案：A

14-17. 控制鏡射指令時文字不會跟著被鏡射，下列哪一項設定正確？

(A) TEXTMIRR = 1

(B) MIRRTEXT = 1

(C) TEXTMIRR = 0

(D) MIRRTEXT = 0

答案：D

14-18. 設定 POINT 點型式，下列哪些設定正確？（**複選**）

(A) 「功能區面板/公用程式/點型式」

(B) 「功能區面板/格式/點型式」

(C) 系統變數 PDMODE

(D) 系統變數 PSMODE

答案：AC

14-19. 控制橢圓是否以 POLYLINE 或 ELLIPSE 物件構成，系統變數名稱為下列哪一項？

(A) PLINETYPE

(B) ELLIPSETYPE

(C) ELLIPSEMODE

(D) PELLIPSE

答案：D

14-20. 預設聚合線的寬度，系統變數名稱為下列哪一項？

(A) PWID

(B) PWIDTH

(C) PLINEWID

(D) PLINEWIDTH

答案：C

14-21. TrueType 字體在圖面中是填實的，但在出圖時便成空心，下列哪一項設定正確？

    (A) TEXTFILL = 0

    (B) TEXTFILL = 1

    (C) FILLMODE = 0

    (D) FILLMODE = 1

答案：A

14-22. 控制圓和弧的顯示是否要平滑化，系統變數名稱為下列哪一項？

    (A) WHIPCIRCLE

    (B) WHIPARC

    (C) DISPCIRLE

    (D) DISPARC

答案：B

14-23. 控制編輯聚合線時，可以略過要將它轉成一條聚合線提示的系統變數名稱，下列哪一項正確？

    (A) PEDITACCEPT

    (B) PEDITTYPE

    (C) PEDITANSWER

    (D) PEDITMODE

答案：A

14-24. 預設文字字高的系統變數名稱為下列哪一項？

    (A) TXTSIZE

    (B) TXTHEIGHT

    (C) TEXTSIZE

    (D) TEXTHEIGHT

答案：C

14-25. 操作滑鼠中間滾輪前後滾動時，調整縮放滾動倍率之系統變數，為下列哪一項？

(A) ZOOMSCALE

(B) ZOOMFACTOR

(C) ZOOMWHEEL

(D) ZOOMTYPE

答案：B

14-26. 設定&記錄目前的（模型或配置）標籤之系統變數，為下列哪一項？

(A) CLAB

(B) CMODE

(C) CLAYOUT

(D) CTAB

答案：D

14-27. 有關 WMFBKGND 系統變數的設定描述，下列哪些正確？（**複選**）

(A) WMFBKGND＝0　產生 WMF 檔案時，背景顏色為透通

(B) WMFBKGND＝1　產生 WMF 檔案時，背景顏色為透通

(C) WMFBKGND＝0　產生 WMF 檔案時，背景顏色為目前圖面背景色

(D) WMFBKGND＝1　產生 WMF 檔案時，背景顏色為目前圖面背景色

答案：AD

14-28. 查詢 AutoCAD 序號之系統變數，下列哪一項正確？

(A) _ACADSER

(B) _ACADSN

(C) _ACADVER

(D) _PKSER

答案：D

4-1-15 第十五類：設計中心、工具選項板&性質選項板

本書範例題目內容為認證題型與命題方向之示範，正式測驗試題不以範例題目為限。

15-01. 啟動設計中心，下列哪些正確？（**複選**）

(A) 工具圖示是

(B) 工具圖示是

(C) 功能鍵開關是[Ctrl]+[2]

(D) 功能鍵開關是[Ctrl]+[F2]

答案：AC

15-02. 以設計中心展開某一圖檔後，可展開的具名物件共有幾項？

(A) 9 項

(B) 10 項

(C) 11 項

(D) 12 項

答案：D

15-03. 以設計中心展開某一圖檔後，有下列哪些具名物件？（**複選**）

(A) 文字型式、表格型式、標註型式

(B) 配置、外部參考

(C) 線型、多重引線型式

(D) 圖層、圖塊

答案：ABCD

15-04. 使用設計中心可以將下列哪些物件拖曳到工具選項板？（**複選**）

(A) 圖塊

(B) 字型

(C) 影像

(D) 填充線

答案：ACD

15-05. 使用設計中心可以載入下列哪些類型的檔案？（**複選**）

(A) *.DWG 圖檔

(B) *.BMP & *.JPG 影像檔

(C) *.PAT 填充線樣式檔

(D) *.DXF 圖形交換檔

答案：ABCD

15-06. 操作設計中心建立工具選項板，下列哪些正確？（**複選**）

(A) 可以將一個圖檔資料夾按滑鼠右鍵建立工具選項板

(B) 可以將一個*.LIN 線型檔按滑鼠右鍵建立工具選項板

(C) 可以將一個*.DWG 圖檔按滑鼠右鍵建立工具選項板

(D) 可以將一個*.PAT 填充線樣式檔按滑鼠右鍵建立工具選項板

答案：ACD

15-07. 設計中心板面的顯示&開關控制，下列哪些正確？（**複選**）

(A) 可控制透明度

(B) 可控制是否錨定於左側或右側

(C) 可控制是否錨定於上方或下方

(D) 可控制是否自動隱藏

答案：BD

15-08. 在設計中心右邊視窗中選取一個圖檔後，可以做下列哪些處理與應用？

（**複選**）

(A) 插入為圖塊

(B) 貼附為外部參考

(C) 在應用程式視窗中開啟

(D) 建立工具選項板

答案：ABCD

15-09. 設計中心的搜尋功能，下列哪些正確？（**複選**）

  (A) 可搜尋含有某一文字型式的所有圖檔

  (B) 可搜尋含有某一圖層的所有圖檔

  (C) 可搜尋含有某一圖塊的所有圖檔

  (D) 可搜尋含有某一視圖的所有圖檔

 答案：ABC

15-10. 設計中心的描述功能，若選取影像檔會出現下列哪些資訊？（**複選**）

  (A) 路徑

  (B) 檔案大小

  (C) 檔案類型

  (D) 解析度

 答案：ABCD

15-11. 設計中心的描述功能，若選取圖塊時，下列哪些正確？（**複選**）

  (A) 會出現該圖塊於 BLOCK 建立時所加入的描述

  (B) 若該圖塊建立時沒有描述，則會出現「找不到任何描述」

  (C) 可於設計中心內加入圖塊的描述

  (D) 可於設計中心內修改圖塊的描述

 答案：AB

15-12. 設計中心的左鍵拖曳圖檔，下列哪些正確？（**複選**）

  (A) 直接左鍵拖曳到繪圖區內，還會詢問比例&旋轉角度

  (B) 直接左鍵拖曳到指令區內，則可自動開啟該圖檔

  (C) 若以[Ctrl]+左鍵拖曳，則不管繪圖區內或外皆自動開啟該圖檔

  (D) 若以[Shift]+左鍵拖曳，則不管繪圖區內或外皆自動開啟該圖檔

 答案：ABC

15-13. 設計中心的圖層處理，下列哪些正確？（**複選**）

(A) 直接左鍵選取數個圖層拖曳到圖面中，即可自動加入

(B) 直接左鍵快按二下該圖層，即可自動加入

(C) 直接選取數個圖層，按下滑鼠右鍵再選取「加入圖層」，即可加入

(D) 若加入的圖層在該圖面已存在，則重複的定義將被忽略

答案：ABCD

15-14. 啟動工具選項板，下列哪些正確？（**複選**）

(A) 工具圖示是

(B) 工具圖示是

(C) 功能鍵開關是[Ctrl]+[2]

(D) 功能鍵開關是[Ctrl]+[3]

答案：BD

15-15. 工具選項板板面的顯示&開關控制，下列哪些正確？（**複選**）

(A) 可控制透明度

(B) 可控制是否錨定於左側或右側

(C) 可控制是否自動隱藏

(D) 可控制是否更名

答案：ABCD

15-16. 可以從圖面中拖曳下列哪些物件到工具選項板內？（**複選**）

(A) 圖塊、填充線

(B) 影像

(C) 表格

(D) 標註

答案：ABCD

15-17. 工具選項板可以匯出成下列哪一項檔案類型？

(A) *.XPT

(B) *.XTP

(C) *.XPP

(D) *.XTT

答案：B

15-18. 欲新建工具選項板，下列哪些正確？（**複選**）

(A) 可以直接在工具選項板內新建

(B) 可以直接在設計中心內新建

(C) 可以直接在 CUSTOMIZE 工具選項板內新建

(D) 可以直接在 OPTIONS 選項內新建

答案：ABC

15-19. 工具選項板將圖塊拖曳複製到圖面，下列哪些正確？（**複選**）

(A) 可以用左鍵拖曳

(B) 可以用右鍵拖曳

(C) 可以用左鍵按選一下圖示後，指定插入點

(D) 可以用右鍵按選一下圖示後，指定插入點

答案：AC

15-20. 工具選項板將拖曳項目到圖面的圖層特性，下列敘述哪一項正確？

(A) 若性質設定的圖層不存在該圖面，將自動放置於 0 層

(B) 若性質設定的圖層不存在該圖面，將會出現錯誤警告並取消動作

(C) 若性質設定的圖層不存在該圖面，將會自動建立該圖層

(D) 若性質設定的圖層不存在該圖面，將詢問是否建立該圖層

答案：C

15-21. 工具選項板的特性，下列哪些正確？（**複選**）

(A) 同一個工具選項板可以同時存放在不同的選項板群組中

(B) 同一個工具選項板不可同時存放在不同的選項板群組中

(C) 按[Shift]鍵可以防止「工具選項板」視窗在移動時固定

(D) 按[Ctrl]鍵可以防止「工具選項板」視窗在移動時固定

答案：AD

15-22. 工具選項板中圖塊的性質設定，下列哪些項目可以預先設定？（**複選**）

(A) 是否分解

(B) 圖層

(C) 插入點

(D) 比例

答案：ABD

15-23. 工具選項板中填充線的性質設定，下列哪些項目可以預先設定？（**複選**）

(A) 樣式名稱

(B) 圖層

(C) 線型

(D) 是否分解

答案：ABC

15-24. 工具選項板的工具選項板群組，下列哪些正確？（**複選**）

(A) 具名的選項板群組可以再建立好幾層的子群組

(B) 具名的選項板群組無法再建立子群組

(C) 同一個工具選項板可以同時存放在不同的選項板群組中

(D) 同一個工具選項板不可以同時存放在不同的選項板群組中

答案：AC

15-25. 選取數個的填充線物件，以性質選項板可查詢與修改下列哪些項目？
（**複選**）

(A) 可查詢累積面積

(B) 可查詢累積周長

(C) 可修改背景色

(D) 可修改透明度

答案：ACD

15-26. 選取數個圓&文字物件，以性質選項板可同時修改下列哪些資料？
（**複選**）

(A) 顏色

(B) 圖層

(C) 半徑

(D) 字高

答案：AB

15-27. 下列哪些 AutoCAD 版本在性質選項版中可即時性質預覽功能？（**複選**）

(A) AutoCAD 2011

(B) AutoCAD 2012

(C) AutoCAD 2013

(D) AutoCAD 2014

答案：CD

4-1-16 第十六類：Express Tools 增強工具操作能力

> 本書範例題目內容為認證題型與命題方向之示範，正式測驗試題不以範例題目為限。

16-01. 有關 AutoCAD Express Tools 安裝，下列哪些正確？（**複選**）

(A) 安裝 AutoCAD 的同時，會自動安裝 AutoCAD Express Tools

(B) 安裝 AutoCAD 的同時，可控制是否安裝 AutoCAD Express Tools

(C) AutoCAD Express Tools 只提供英文版本

(D) 必須先安裝 AutoCAD 才能安裝 AutoCAD Express Tools

答案：BCD

16-02. 在 AutoCAD 環境中，欲釋放 AutoCAD Express Tools，下列哪些正確？（**複選**）

(A) CUILOAD

(B) MENULOAD

(C) DELEXPRESS

(D) UNEXPRESS

答案：AB

16-03. 釋放後的 AutoCAD Express Tools 欲重新載入，下列哪些正確？（**複選**）

(A) CUILOAD

(B) MENULOAD

(C) EXPRESSADD

(D) EXPRESSTOOLS

答案：ABD

16-04. AutoCAD Express Tools 功能中能將圖面中圖塊替換的指令為下列哪一項？

(A) BLOCKREPLACE

(B) BLOCKREDEFINE

(C) BLOCKCHANGE

(D) BLOCKRENEW

答案：A

16-05. AutoCAD Express Tools 功能中能將文字分布於弧的指令為下列哪一項？

(A) ARCTXT

(B) ARCTEXT

(C) TXTARC

(D) TEXTARC

答案：B

16-06. AutoCAD Express Tools 功能中能將文字分解的指令為下列哪一項？

(A) TXTEXP

(B) TEXTEXP

(C) EXPTXT

(D) EXPTEXT

答案：A

16-07. AutoCAD Express Tools 功能中能將單行文字轉多行文字的指令為下列哪一項？

(A) MTEXTTOOLS

(B) CONVERTMTEXT

(C) TEXT2MTEXT

(D) TXT2MTXT

答案：D

16-08. AutoCAD Express Tools 功能中能將文字轉換大小寫的指令為下列哪一項？

(A) TEXTCASE

(B) TXTCASE

(C) TCASE

(D) SHOWCASE

答案：C

16-09. AutoCAD Express Tools 功能中能將文字遮罩的指令為下列哪一項？

(A) TEXTBOX

(B) TEXTHIDE

(C) TEXTMASK

(D) TEXTWIPE

答案：C

16-10. AutoCAD Express Tools 功能中能將文字遮罩取消的指令為下列哪一項？

(A) TEXTUNMASK

(B) TEXTUNHIDE

(C) TEXTUNBOX

(D) TEXTUNWIPE

答案：A

16-11. AutoCAD Express Tools 功能中能將文字佈滿在二點之間的指令為下列哪一項？

(A) TEXTFAT

(B) TEXTFIT

(C) TEXTF2P

(D) TEXTFTP

答案：B

16-12. AutoCAD Express Tools 功能中能為文字外加圓、槽、矩形框的指令為下列哪一項？

(A) TSLOT

(B) TRECTANG

(C) TCIRCLE

(D) TPOLY

答案：C

16-13. AutoCAD Express Tools 功能中兼具移動複製旋轉比例的指令為下列哪一項？

(A) MOCORO

(B) MOCOROSC

(C) SUPERFIX

(D) SUPEREDIT

答案：A

16-14. AutoCAD Express Tools 功能中能用圓、弧、文字當邊界擷取影像或外部參考的功能為下列哪一項？

(A) MCLIP

(B) XCLIPLUS

(C) SUPERCLIPIT

(D) CLIPIT

答案：D

16-15. AutoCAD Express Tools 功能中繪製切斷符號的功能指令為下列哪一項？

(A) SUPERBREAK

(B) BREAKLINE

(C) SHOWBREAK

(D) BREAKSYMB

答案：B

16-16. AutoCAD Express Tools 功能中 SUPERHATCH 能用的樣式物件為下列哪些？（**複選**）

(A) IMAGE

(B) BLOCK

(C) WIPEOUT

(D) TEXT

答案：ABC

16-17. AutoCAD Express Tools 功能中能匯出標註型式為 dim 檔案的功能為下列哪一項？

(A) DIMEX

(B) DIMEXPLORT

(C) DIMOUT

(D) DIMSTYLEEXPORT

答案：A

16-18. AutoCAD Express Tools 功能中能快速編輯 ACAD.PGP 的功能為下列哪一項？

(A) EDITPGP

(B) PGPEDIT

(C) EDITALIAS

(D) ALIASEDIT

答案：D

16-19. AutoCAD Express Tools 功能中能協助建立自訂線型的功能為下列哪一項？

(A) MKLTYPE

(B) MAKELTYPE

(C) LINETYPEDEF

(D) LTYPEDEF

答案：A

16-20. AutoCAD Express Tools 功能中能協助建立 SHP 造型檔的功能為下列哪一項？

(A) DRAWSHP

(B) MAKSHP

(C) NEWSHAPE

(D) MKSHAPE

答案：D

16-21. AutoCAD Express Tools 功能中能將 PLT 檔案轉成 DWG 的功能為下列哪一項？

(A) PLTODWG

(B) PLT2DWG

(C) CHGPLTODWG

(D) CHGPLT2DWG

答案：B

16-22. AutoCAD Express Tools 功能中能協助快速鏈結選取的功能為下列哪一項？

(A) FSELECT

(B) FS

(C) FASTSELECT

(D) SuperSelect

答案：B

16-23. AutoCAD Express Tools 功能中能分解含屬性圖塊，並將屬性值轉成文字的功能為下列哪一項？

(A) BEXPLODE

(B) BURST

(C) ATTEXPLODE

(D) SUPEREXP

答案：B

4-1-17 第十七類：2D 進階技巧&快捷鍵設定能力

> 本書範例題目內容為認證題型與命題方向之示範，正式測驗試題不以範例題目為限。

17-01. 欲在 AutoCAD 內呼叫外部應用程式（EXCEL、WORD、CALC...等）可在指令區執行下列哪一項指令？

(A) PROGN

(B) START

(C) SELECT

(D) GOTO

答案：B

17-02. AutoCAD 快捷鍵的定義檔案為下列哪一項？

(A) ACAD.PAT

(B) ACAD.PGP

(C) ACADISO.PAT

(D) CADISO.PGP

答案：B

17-03. 欲編輯 AutoCAD 快捷鍵檔，可從下列哪一項執行？

(A)「常用頁籤/自訂功能區面板/編輯別名」

(B)「檢視頁籤/自訂功能區面板/編輯別名」

(C)「註解頁籤/自訂功能區面板/編輯別名」

(D)「管理頁籤/自訂功能區面板/編輯別名」

答案：D

17-04. AutoCAD 快捷鍵的定義檔案中，代表該行是註解而非快捷鍵定義的第一個符號為下列哪一項？

(A) 分號 ；

(B) 問號 ？

(C) 井號 #

(D) 驚嘆號 ！

答案：A

17-05. 下列哪些單一字母，在標準的 ACAD.PGP 檔案中並未定義功能，未來可善加利用？（**複選**）

(A) N

(B) Y

(C) Q

(D) K

答案：ABCD

17-06. AutoCAD 快捷鍵的定義，希望 RAY 指令用 Y 代表，下列哪一項正確？

(A) Y;RAY

(B) Y;*RAY

(C) Y,RAY

(D) Y,*RAY

答案：D

17-07. AutoCAD 快捷鍵的定義，希望 QUIT 指令用 Q 代表，下列哪一項正確？

(A) Q;QUIT

(B) Q;*QUIT

(C) Q,*QUIT

(D) Q,QUIT

答案：C

17-08. AutoCAD 快捷鍵的定義，希望 NEW 指令用 N 代表，下列哪一項正確？

(A) N,*NEW
(B) *N,*NEW
(C) N,NEW
(D) *N,NEW

答案：A

17-09. AutoCAD 快捷鍵的定義，希望 COPY 指令用 CC 代表，下列哪一項正確？

(A) CC,*COPY
(B) *CC,COPY
(C) COPY,*CC
(D) *COPY,CC

答案：A

17-10. AutoCAD 快捷鍵的定義，希望 LENGTHEN 指令用 LL 代表，下列哪一項正確？

(A) LL,*LENGTHEN
(B) *LL,LENGTHEN
(C) LENGTHEN,*LL
(D) *LENGTHEN,LL

答案：A

17-11. AutoCAD 快捷鍵的定義，希望 SAVEAS 另存新檔指令用 SS 代表，下列哪一項正確？

(A) SS,SAVEAS
(B) SS,*SAVEAS
(C) *SS,SAVEAS
(D) *SS,*SAVEAS

答案：B

17-12. AutoCAD 快捷鍵的定義，希望 EXPLORER 檔案總管用 EEE 代表，下列哪一項正確？

(A) EEE,*START EXPLORER,1,,

(B) *EEE,START EXPLORER,1,,

(C) EEE,START EXPLORER,1,,

(D) *EEE,*START EXPLORER,1,,

答案：C

17-13. AutoCAD 快捷鍵的定義，希望 EXCEL 用 XXX 代表，下列哪一項正確？

(A) XXX,START EXCEL,1,,

(B) XXX,*START EXCEL,1,,

(C) XXX,#START EXCEL,1,,

(D) XXX,@TART EXCEL,1,,

答案：A

17-14. AutoCAD 快捷鍵重新定義後，用下列哪一項指令才能在目前的作業中即時更新？

(A) REPGP

(B) REINIT

(C) NEWPGP

(D) RENEWPGP

答案：B

17-15. 有關 AutoCAD 快捷鍵的自訂功能，下列哪些正確？（**複選**）

(A) 可以自行定義 AutoCAD 指令的快捷鍵

(B) 可以自行定義 AutoCAD 系統變數的快捷鍵

(C) 可以自行定義 AutoCAD 指令副選項的快捷鍵

(D) 無法自行定義 AutoCAD 指令副選項的快捷鍵

答案：ABD

17-16. 有關 AutoCAD 快捷鍵，下列哪些正確？（**複選**）

(A) 同一個指令不能自訂二組（含）以上快捷鍵定義

(B) 快捷鍵名稱用大小寫無所謂

(C) 既然是快捷鍵，優先考慮當然是越少字越好

(D) 要在目前作業中即時更新快捷鍵定義的指令是 REINIT

答案：BCD

17-17. 欲複製&自訂一個專屬 AutoCAD 快捷鍵檔案於 C:\ACADDEMO\，下列哪些正確？（**複選**）

(A) 檔名必須是 ACAD.PGP

(B) 主檔名無所謂，但是副檔名必須是*.PGP

(C) 該資料夾路徑在「選項/檔案」，支援路徑的位置應該排在愈前面才能優先抓取

(D) 該資料夾路徑在「選項/檔案」，支援路徑的位置應該排在愈後面才能優先抓取

答案：AC

17-18. ACAD.PGP 快捷鍵定義中若前後發生衝突，相同快捷鍵對應不同指令時，則系統將如何處理，下列哪一項正確？

(A) 前者優先，後者自動捨棄

(B) 後者優先，前者自動捨棄

(C) 二者皆無法使用

(D) 二者皆可使用

答案：B

17-19. 取代舊式功能表*.CUI、*.MNU、*.MNS 的新使用者自訂檔案副檔名是下列哪一項？

(A) *.CUIW

(B) *.CUIS

(C) *.CUIx

(D) *.CUIN

答案：C

4-1-18　第十八類：圖紙集&可註解設定能力

> 本書範例題目內容為認證題型與命題方向之示範，正式測驗試題不以範例題目為限。

18-01. 圖紙集功能，下列哪些正確？（**複選**）

　　(A) 圖紙集是數個圖檔中圖紙的有組織且具名的集合

　　(B) 一張圖紙是圖檔中的一個選取的配置

　　(C) 使用圖紙集管理員可以輕鬆的建立、組織與管理圖紙

　　(D) 圖檔中的模型空間亦可被匯入圖紙集當成一張圖紙

　　答案：ABC

18-02. 圖紙集管理，對專案有何幫助，下列哪些正確？（**複選**）

　　(A) 可以將整個專案所需圖檔&圖面集中管理

　　(B) 可以將整個專案發佈至繪圖機

　　(C) 可以將整個專案發佈成*.DWF、*.DWFx、*.PDF 檔

　　(D) 可以將整個專案相關檔案封存&電子傳送

　　答案：ABCD

18-03. 圖紙集管理員，預設快捷鍵&加速鍵為下列哪些？（**複選**）

　　(A) 加速鍵[Ctrl]+[3]

　　(B) 加速鍵[Ctrl]+[4]

　　(C) 預設快捷鍵 SSM

　　(D) 預設快捷鍵 SST

　　答案：BC

18-04. 圖紙集功能，有下列哪些主要 Label 標籤？（**複選**）

　　(A) 圖紙清單

　　(B) 圖紙視圖

　　(C) 圖層資源

　　(D) 模型視圖

　　答案：ABD

18-05. 圖紙集功能，副檔名為下列哪一項？

(A) *.DSG

(B) *.SHT

(C) *.DST

(D) *.SWT

答案：C

18-06. 圖紙集資料檔的備份檔，副檔名為下列哪一項？

(A) *.DS$

(B) *.SH$

(C) *.SD$

(D) *.SW$

答案：A

18-07. 圖紙集功能，有關若匯入為圖面的配置，下列哪些正確？（**複選**）

(A) 若匯入的配置已屬於某圖紙集時，不可再匯入目前的圖紙集

(B) 若匯入的配置已屬於某圖紙集時，可以再匯入目前的圖紙集

(C) 配置僅可以屬於一個圖紙集

(D) 配置可以同時屬於多個圖紙集

答案：AC

18-08. 圖紙集功能，若從圖紙集中移除圖紙，下列哪一項正確？

(A) 原始圖檔將一併被刪除

(B) 原始圖檔將一併被刪除，但是會自動建立備份檔以防萬一

(C) 原始圖檔不會被刪除，但是該圖檔內配置會被刪除

(D) 原始圖檔&配置皆不會被刪除

答案：D

18-09. 圖紙集功能，圖紙的建立來源為下列哪些？（**複選**）

(A) 可直接選取新增圖紙

(B) 可選取圖檔將配置匯入為圖紙

(C) 可選取圖檔將模型匯入為圖紙

(D) 從另一個圖紙集中直接拖曳圖紙進來

答案：AB

18-10. 圖紙集功能，將配置匯入為圖紙，選取的檔案類型有下列幾種？

(A) 一種（*.DWG）

(B) 二種（*.DWG、*.DWT）

(C) 三種（*.DWG、*.DWT、*.DXF）

(D) 四種（*.DWG、*.DWT、*.DXF、*.DWS）

答案：A

18-11. 圖紙集功能，模型視圖的特性，下列哪些正確？（**複選**）

(A) 按一下某個圖檔[+]符號，只會顯示在模型空間中的視圖

(B) 按一下某個圖檔[+]符號，會顯示在模型&圖紙空間的視圖

(C) 按二下某視圖，會開啟包含該視圖的圖面

(D) 直接拖曳視圖或圖檔，可將其放置於目前圖紙中

答案：ACD

18-12. 圖紙集功能，模型視圖&圖紙視圖的特性，下列哪些正確？（**複選**）

(A) 模型視圖中的視圖只能拖曳到模型空間

(B) 模型視圖中的視圖只能拖曳到圖紙空間

(C) 圖紙視圖中顯示的視圖名稱是模型視圖拖曳到圖面的視圖

(D) 圖紙視圖中顯示的視圖名稱是圖紙視圖拖曳到圖面的視圖

答案：BC

18-13. 圖紙集功能，建立新子集的性質，下列哪些正確？（**複選**）

(A) 子集可相對於父系資料夾下建立新資料夾

(B) 子集無法相對於父系資料夾建立新資料夾

(C) 可設定此子集所有新圖紙*.DWG 檔儲存的資料夾位置

(D) 可設定此子集建立新圖紙的圖面樣板檔和配置名稱

答案：ACD

18-14. 圖紙集中子集的敘述，下列哪些正確？（**複選**）

(A) 子集可以更名

(B) 子集內不能再建立子集

(C) 子集內含有圖紙時，可以移除該子集

(D) 子集內含有圖紙時，無法移除該子集

答案：AD

18-15. 圖紙集的性質，可以設定下列哪些項目？（**複選**）

(A) 圖紙儲存位置

(B) 圖紙建立樣板

(C) 替用頁面設置檔案

(D) 專案名稱

答案：ABCD

18-16. 選取具名的圖紙集，按滑鼠右鍵，可以執行下列哪些項目？（**複選**）

(A) 重新儲存所有圖紙

(B) 封存

(C) 電子傳送

(D) 匯出圖紙集

答案：ABC

18-17. 圖紙集的 ▨ 圖示代表下列哪一項意義？

(A) 將配置匯入為圖紙

(B) 重新儲存所有圖紙

(C) 新增模型視圖位置

(D) 電子傳送圖紙集

答案：C

18-18. 圖紙集「子集」，可以執行下列哪些項目？（**複選**）

(A) 將配置匯入為圖紙

(B) 建立新子集

(C) 封存

(D) 電子傳送

答案：ABD

18-19. 有關可註解物件，包含下列哪些選項？（**複選**）

(A) 單行文字&多行文字

(B) 多重引線

(C) 圖塊&填充線

(D) 標註

答案：ABCD

18-20. 有關滑鼠靠近可註解物件的識別記號敘述，下列哪些正確？（**複選**）

(A) 單一註解比例的物件，只會看到一個識別記號

(B) 設定二組註解比例的物件，只會看到二個識別記號

(C) 設定二組（含）以上註解比例的物件，只會看到二個識別記號

(D) 設定三組（含）以上註解比例的物件，只會看到三個識別記號

答案：ABC

18-21. 將一般文字變更為可註解文字的方式，下列哪些選項可達成？（複選）

(A) 選取文字後，以 OBJECTSCALE 加入註解比例

(B) 「選取文字後/快速性質選項板/變更為可註解」

(C) 「選取文字後/性質選項板/變更為可註解」

(D) 直接變更欲選取的文字所屬字型為可註解字型

答案：BCD

18-22. 將一般標註變更為可註解標註的方式，下列哪些選項可達成？（複選）

(A) 直接變更欲選取的標註所屬標註型式為可註解

(B) 「選取標註後/快速性質選項板/變更為可註解」

(C) 「選取標註後/性質選項板/變更為可註解 」

(D) 選取標註後，以 OBJECTSCALE 加入註解比例

答案：ABC

18-23. 將一般標註型式修改為可註解標註型式，須進入下列哪一項標籤設定？

(A) 符號與箭頭

(B) 填入

(C) 主要單位

(D) 對照單位

答案：B

18-24. 將一般填充線變更為可註解填充線的方式，下列哪些選項可達成？
（複選）

(A) 「左鍵快按二下/快速性質選項板/變更為可註解」

(B) 「選取填充線後/快顯功能表/變更為可註解」

(C) 「選取填充線後/快速性質選項板/變更為可註解」

(D) 「選取填充線後/性質選項板/變更為可註解」

答案：ACD

18-25. 將一般多重引線變更為可註解多重引線的方式，下列哪些選項可達成？
（複選）

(A) 直接變更欲選取的多重引線所屬型式為可註解

(B) 「選取多重引線後/快速性質選項板/變更為可註解」

(C) 「選取多重引線後/性質選項板/變更為可註解」

(D) 選取多重引線後，以 OBJECTSCALE 加入註解比例

答案：ABC

18-26. 有關一般圖塊變更為可註解圖塊的敘述，下列哪些正確？（**複選**）

(A) 若建立時未勾選「使圖塊方位與配置相符」，事後無法用性質變更

(B) 若建立時未勾選「使圖塊方位與配置相符」，事後可以用性質變更

(C) 一般圖塊事後無法用性質變更為可註解

(D) 一般圖塊事後可以用性質變更為可註解

答案：AC

18-27. 下列可註解圖示哪些正確？（**複選**）

(A) ▽只有一組註解比例

(B) ▲只有一組註解比例

(C) ▲多組註解比例

(D) ▽多組註解比例

答案：BC

18-28. 如果將文字型式重新定義為可註解或不可註解，下列哪些正確？（**複選**）

(A) 既有物件會自動更新

(B) 既有物件不會自動更新

(C) 使用 ANNOUPDATE 指令可將既有物件更新

(D) 使用 ANNORENEW 指令可將既有物件更新

答案：BC

4-1-19　第十九類：錄製巨集&參數式設計設定能力

> 本書範例題目內容為認證題型與命題方向之示範，正式測驗試題不以範例題目為限。

19-01. 有關錄製巨集的指令與快捷鍵，下列哪些正確？（**複選**）

(A) 指令是 ACTRECORD

(B) 指令是 AETRECORD

(C) 預設快捷鍵是 ARR

(D) 預設快捷鍵是 ACT

答案：AC

19-02. 有關停止巨集的指令與快捷鍵，下列哪些正確？（**複選**）

(A) 指令是 AETSTOP

(B) 指令是 ACTSTOP

(C) 預設快捷鍵是 ARS

(D) 預設快捷鍵是 ACS

答案：BC

19-03. 功能區面板「動作錄製器」在下列哪一項頁籤內？

(A) 常用

(B) 管理

(C) 插入

(D) 輸出

答案：B

19-04. 錄製完的動作巨集會儲存成下列哪一項檔案類型？

(A) *.ACT

(B) *.AET

(C) *.ARTM

(D) *.ACTM

答案：D

19-05. 下列哪一項可以修改錄製完的動作巨集儲存位置？

(A) 「選項/檔案」

(B) 「選項/系統」

(C) 「選項/使用者偏好」

(D) 「選項/顯示」

答案：A

19-06. 欲錄製巨集「建立 DIM 層，顏色紅色」，下列流程哪些正確？（**複選**）

(A) 「-LAYER/M/DIM/C/1/[ENTER]/[ENTER]」

(B) 「-LAYER/M/DIM/1/[ENTER]/[ENTER]」

(C) 「-LAYER/N/DIM/C/1/[ENTER]/[ENTER]」

(D) 「-LAYER/N/DIM/1/[ENTER]/[ENTER]」

答案：AC

19-07. 欲錄製巨集「同時建立 DIM&TXT 層」，下列流程哪一項正確？

(A) 「-LAYER/M/DIM,TXT/[ENTER]」

(B) 「-LAYER/M/DIM;TXT/[ENTER]」

(C) 「-LAYER/N/DIM,TXT/[ENTER]」

(D) 「-LAYER/N/DIM;TXT/[ENTER]」

答案：C

19-08. 欲錄製巨集「建立文字型 KK 為標楷體」，下列流程哪一項正確？

(A) 「-STYLE/KK/標楷体/連續[ENTER]回到指令提示」

(B) 「-STYLE/KK/標楷體/連續[ENTER]回到指令提示」

(C) 「STYLE/KK/標楷体/連續[ENTER]回到指令提示」

(D) 「STYLE/KK/標楷體/連續[ENTER]回到指令提示」

答案：B

19-09. 功能區面板「動作錄製器」之工具圖示中，下列哪一項是動作巨集管理員？

(A) 圖示

(B) 圖示

(C) 圖示

(D) 圖示

答案：D

19-10. 功能區面板「動作錄製器」之工具圖示中，下列哪一項是插入基準點？

(A) 圖示

(B) 圖示

(C) 圖示

(D) 圖示

答案：A

19-11. 在動作錄製管理員對話框中，可以對於巨集執行下列哪些動作？

（複選）

(A) 複製

(B) 匯出

(C) 刪除

(D) 更名

答案：ACD

19-12. 錄製的巨集中，有關座標的表示，下列哪些正確？（複選）

(A) 絕對座標圖示

(B) 絕對座標圖示

(C) 相對座標圖示

(D) 相對座標圖示

答案：AD

19-13. 錄製的巨集中，下列哪一項代表暫停以進行使用者輸入？

(A) 圖示 ▣

(B) 圖示 ▣

(C) 圖示 ▣

(D) 圖示 ▣

答案：B

19-14. 參數式頁籤內含哪三個功能區面板，下列哪一項正確？

(A) 幾何、尺度、控制

(B) 約束、標註、管理

(C) 約束、標註、控制

(D) 幾何、尺度、管理

答案：D

19-15. 幾何約束 ▣ ▣ ◎ ▣ 依序代表何種約束功能，下列哪一項正確？

(A) 重合、共線、同圓心、固定

(B) 垂直、延伸、同圓心、固定

(C) 垂直、共線、同圓心、固定

(D) 重合、延伸、同圓心、固定

答案：A

19-16. 幾何約束 ▣ ▣ ▣ ＝ 依序代表何種約束功能，下列哪一項正確？

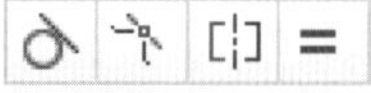

(A) 相切、重合、對稱、相等

(B) 相切、重合、垂直、相等

(C) 相切、平滑、對稱、相等

(D) 相切、平滑、垂直、相等

答案：C

19-17. 幾何約束 ⫽ ⟨ ⚌ ⦙ 依序代表何種約束功能，下列哪一項正確？

　　　(A) 平行、重合、水平、垂直

　　　(B) 平行、互垂、水平、垂直

　　　(C) 平滑、互垂、水平、垂直

　　　(D) 平滑、重合、水平、垂直

　　答案：B

19-18.「幾何約束/同圓心」，選取的有效物件為下列哪些？（**複選**）

　　　(A) 圓

　　　(B) 弧

　　　(C) 橢圓

　　　(D) 聚合弧

　　答案：ABCD

19-19.「幾何約束/相等」，若選取的是二個弧，則結果為下列哪一項？

　　　(A) 二弧半徑相等，圓心也相等

　　　(B) 二弧弧心相等，各自半徑不變

　　　(C) 二弧半徑相等，各自弧心、夾角不變

　　　(D) 二弧半徑&夾角相等，各自弧心不變

　　答案：C

19-20. 展示或隱藏所選物件幾何約束的指令與快捷鍵，下列哪些正確？
　　　（**複選**）

　　　(A) 指令是 CONSTRAINTBAR

　　　(B) 指令是 BARCONSTRAINT

　　　(C) 預設快捷鍵是 BCON

　　　(D) 預設快捷鍵是 CBAR

　　答案：AD

19-21. 有關約束列的特性，下列哪些正確？（**複選**）

(A) 約束列可調整透明度

(B) 約束列可控制全部隱藏或全部展示

(C) 約束列全部隱藏後，碰選物件會展示約束列

(D) 約束列全部隱藏後，碰選物件不會展示約束列

答案：ABC

19-22. 有關尺度約束的指令與快捷鍵，下列哪些正確？（**複選**）

(A) 指令是 DIMCONST

(B) 指令是 DIMCONSTRAINT

(C) 預設快捷鍵是 DCT

(D) 預設快捷鍵是 DCON

答案：BD

19-23. 尺度約束 DIMCONSTRAINT 的形式設定，包含下列哪些？（**複選**）

(A) 靜態形式

(B) 動態形式

(C) 註解形式

(D) 參數形式

答案：BC

19-24. 將關聯式標註轉換為尺度約束，下列哪些正確？（**複選**）

(A) 指令是 DCCONVERT

(B) 指令是 DIMCONVERT

(C) 「DIMCONSTRAINT/C」

(D) 「DIMCONSTRAINT/F」

答案：AC

4-1-20 第二十類：AutoCAD 雲端線上協同作業&內容瀏覽器設定能力

> 本書範例題目內容為認證題型與命題方向之示範，正式測驗試題不以範例題目為限。

20-01. AutoCAD 雲端線上協同作業在下列哪一項頁籤？

    (A) AutoCAD 360

    (B) AutoCAD On-Line

    (C) Autodesk 360

    (D) Autodesk On-Line

  答案：C

20-02. 有關 AutoCAD 360 的特性描述，下列哪些正確？（**複選**）

    (A) 可在網路上共用、編輯和管理 AutoCAD 圖面

    (B) 本端圖面變更時，儲存在 Autodesk 360 伺服器上的複本將會同步

    (C) 可透過有網頁瀏覽器的電腦或手機，存取和編輯線上複本

    (D) 多位使用者可即時進行協同合作，以同時檢視和編輯圖面

  答案：ABCD

20-03. 利用電腦或手機進行 Autodesk 360 雲端線上協同作業，下列哪一項正確？

    (A) 必須安裝 AutoCAD 與 DWG 檢視器

    (B) 只需安裝 AutoCAD

    (C) 只需安裝 DWG 檢視器

    (D) 完全不需安裝 AutoCAD 與 DWG 檢視器

  答案：D

20-04. Autodesk 360 的上傳作業，下列哪些正確？（**複選**）

(A) 上傳前必須先註冊一組專屬的帳號

(B) 上傳可以同時選取多個檔案

(C) 上傳無法同時選取多個檔案

(D) 上傳時可決定圖面變更時，雲端伺服器上的複本是否同步自動上傳

答案：ABD

20-05. Autodesk 360 的面板相關功能，下列哪些正確？（**複選**）

(A) 啟動網站→ONLINEDOCS

(B) 啟動網站→ONLINESTART

(C) 設計摘要→DESIGNFEEDOPEN

(D) 設計摘要→DESIGNFEED

答案：AC

20-06. 在檔案總管中開啟 Autodesk 360 資料夾的指令，下列哪一項正確？

(A) ONLINEOPEN360

(B) ONLINEAUTODESK360

(C) ONLINEOPENFILES

(D) ONLINEOPENFOLDER

答案：D

20-07. 在 Autodesk 360 雲端上，共用文件存取層級若設定為「檢視和下載文件」，下列哪些正確？（**複選**）

(A) 共同使用者可下載此文件

(B) 共同使用者可查看文件

(C) 共同使用者不可更新文件

(D) 共同使用者不可線上編輯文件

答案：ABCD

20-08. 在 Autodesk 360 的圖檔文件可在何處編輯，下列哪些正確？（**複選**）

(A) 在 Autodesk 360 線上編輯

(B) 在 AutoCAD 360 線上編輯

(C) 在 AutoCAD WS 網頁編輯器

(D) 在 AutoCAD WT 網頁編輯器

答案：BC

20-09. AutoCAD 360 線上編輯，DRAW 繪製功能有下列哪些？（**複選**）

(A) 畫線、弧

(B) 畫圓、橢圓

(C) 畫矩形

(D) 畫正多邊形

答案：ABC

20-10. AutoCAD 360 線上編輯，EDIT 編輯功能有下列哪些？（**複選**）

(A) 比例

(B) 鏡射

(C) 旋轉

(D) 偏移

答案：BD

20-11. AutoCAD 360 線上編輯，ANNOTATE 註解功能有下列哪些？（**複選**）

(A) 查詢距離

(B) 查詢面積

(C) 線性標註、半徑標註

(D) 角度標註、直徑標註

答案：ABC

20-12. AutoCAD 360 線上編輯之圖層管理，下列哪些正確？（**複選**）

(A) 圖層可鎖住

(B) 圖層可關閉

(C) 圖層可凍結

(D) 圖層可變更顏色

答案：ABD

20-13. AutoCAD 360 線上編輯之下載可選擇的檔案格式，下列哪些正確？（**複選**）

(A) *.DWG

(B) *.DXF

(C) *.JPG

(D) *.PNG

答案：ABCD

20-14. AutoCAD 360 線上編輯之輸出作業，下列哪些正確？（**複選**）

(A) 可輸出到指定的繪圖機

(B) 可輸出到指定的印表機

(C) 可輸出成*.DWF 檔

(D) 可輸出成*.PDF 檔

答案：CD

20-15. AutoCAD 的「內容瀏覽器」功能在下列哪一項頁籤？

(A) 外掛程式

(B) 管理

(C) 檢視

(D) 註解

答案：A

20-16. AutoCAD 的「內容瀏覽器」指令為下列哪一項？

(A) CONTEXPLOR

(B) CONTENTEXPLORER

(C) CONDEXPLOR

(D) CONDEXPLORER

答案：B

20-17. AutoCAD 圖資搜尋的最佳幫手為下列哪一項？

(A) 設計摘要

(B) 設計中心

(C) 工具選項板

(D) 內容瀏覽器

答案：D

20-18. AutoCAD 內容瀏覽器的功能描述，下列哪些正確？（**複選**）

(A) 瀏覽和搜尋本端資料夾、網路資料夾中的設計內容

(B) 瀏覽*.DWG 檔案，以及存取和插入圖塊、圖層、線型和型式等

(C) 搜尋物件、所有文字、屬性（包括圖塊屬性）

(D) 精確指出特定的圖塊參考或文字字串，並自動瀏覽至包含的檔案

答案：ABCD

20-19. 在內容瀏覽器，若內容為圖檔時，下列哪些正確？（**複選**）

(A) 可瀏覽

(B) 可插入

(C) 可貼附

(D) 可鎖住

答案：ABC

20-20. 在內容瀏覽器，進一步瀏覽圖檔內容時，包含下列哪些？（**複選**）

    (A) 文字型式、表格型式
    (B) 多重引線型式、標註型式
    (C) 線型、配置
    (D) 圖層、圖塊

    答案：ABCD

20-21. 在內容瀏覽器，若內容為圖塊參考時，下列哪些正確？（**複選**）

    (A) 可開啟圖面
    (B) 可開啟和縮放
    (C) 可更名
    (D) 可插入

    答案：ABD

20-22. 在內容瀏覽器，若內容為文字字串時，下列哪些正確？（**複選**）

    (A) 可開啟圖面
    (B) 可開啟和縮放
    (C) 可開啟和尋找文字
    (D) 可插入

    答案：AB

20-23. 在內容瀏覽器，若內容為影像時，下列哪些正確？（**複選**）

    (A) 可開啟
    (B) 可編輯
    (C) 可插入
    (D) 可貼附

    答案：AD

4-2　操作題技能規範及分類範例題目

類　別	技　能　內　容
第　一　類	綜合應用一
	1. 線、圓、弧之繪製技巧 2. 物件鎖點追蹤之應用技巧 3. 相對座標之綜合應用技巧 4. 編修指令之綜合應用技巧 5. 特殊弧與建構線之應用技巧 6. 等分與點型式之應用技巧 7. 掣點作圖法之綜合應用技巧 8. 查詢距離、半徑、直徑、角度、周長、面積之應用
第　二　類	綜合應用二
	1. 線、圓、弧之綜合繪製技巧 2. 物件鎖點追蹤與相對座標之綜合應用技巧 3. 編修指令之綜合應用技巧 4. 特殊編修（對齊）之應用技巧 5. 編修指令（旋轉、比例、倒角）之進階應用技巧 6. 掣點作圖法之綜合應用技巧 7. 特殊角度之計算機應用技巧 8. 查詢距離、半徑、直徑、角度、周長、面積之應用

類　別	技　能　內　容
第　三　類	綜合應用三
	1. 線、圓、弧之綜合繪製技巧 2. 物件鎖點追蹤與相對座標之應用技巧 3. 編修指令之綜合應用技巧 4. 角平分線繪製與對齊之應用技巧 5. 特殊正方形之繪製 6. 特殊幾何：比例縮放+軌跡變化觀察之應用技巧 7. 逆向作圖法之應用技巧 8. 查詢距離、半徑、直徑、角度、周長、面積之應用
第　四　類	玩具&生活用品應用
	玩具&生活用品相關： 　　會客茶几、噴霧器、向日葵、遙控器、桌墊、影音遙控器、 　　電腦喇叭、計算機、桌上檯燈、電話筒之繪製
第　五　類	機械設計應用
	機械設計相關： 　　組合成品、元件、造型板、展示架、扣片、支軸、 　　造型板2、桌上用品、沖孔板、百頁扇側片之繪製
第　六　類	建築&室內設計應用
	建築&室內設計相關： 　　樓梯立面、別墅立面、萬用刀具、母子雙開門、載貨卡車、 　　清潔用具、交通工具、雙開門、建築立面、住宅立面之繪製

項　目	標　準　答　案　容　許　誤　差　值
全　　部	±0.1

4-2-1 第一類：綜合應用一

本書範例題目內容為認證題型與命題方向之示範，正式測驗試題不以範例題目為限。

101. 試繪出下圖並回答下列五個問題 ....☑易☐中☐難

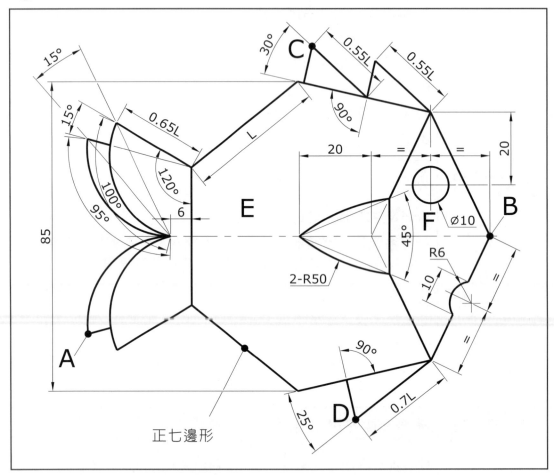

正七邊形

1. 交點 A 至交點 B 距離為何？

2. 交點 C 至交點 D 垂直距離為何？

3. E 區域面積為何？

4. F 區域扣除內孔面積為何？

5. 圖形最外圍面積為何？

答案：❶ 115.3927　❷ 102.5763　❸ 3806.9340　❹ 969.8071　❺ 6757.5430

102. 試繪出下圖並回答下列五個問題 ....☑易□中□難

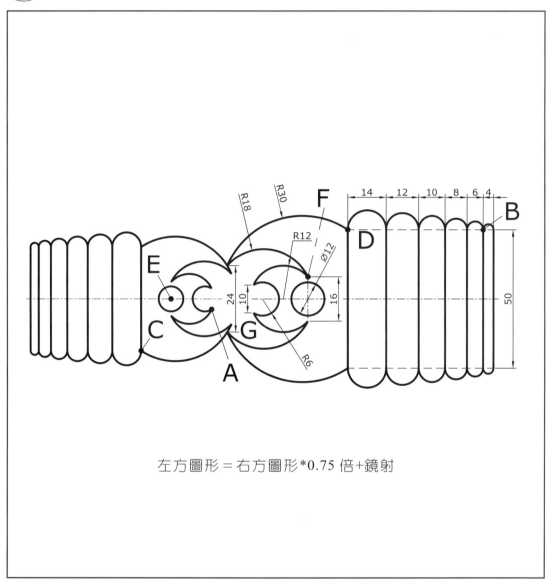

左方圖形＝右方圖形*0.75 倍+鏡射

1. 交點 A 至交點 B 距離為何？

2. 交點 C 至交點 D 間距離為何？

3. 中心點 E 至交點 F 水平距離為何？

4. G 區域周長為何？

5. 圖形最外面積為何？

答案：❶103.8161 ❷87.3022 ❸50.1079 ❹258.2623 ❺8484.5863

103. 試繪出下圖並回答下列五個問題 .... ☑易□中□難

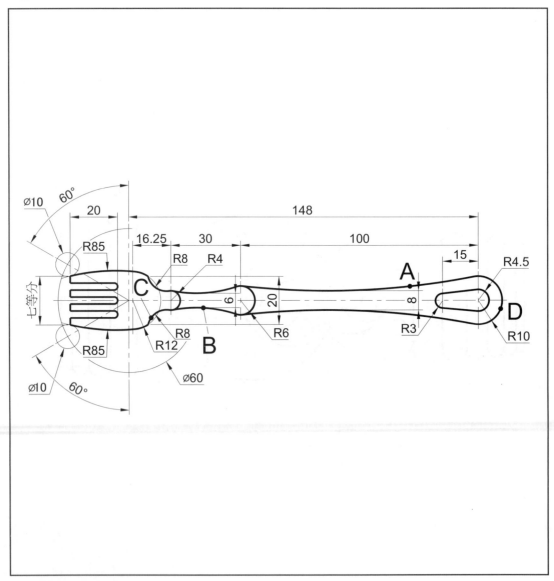

1. 弧 A 的直徑為何？

2. 弧 A 中心點至弧 B 中心點距離為何？

3. 弧 C 中心點與弧 D 中心點距離為何？

4. 圖形水平總長度為何？

5. 圖形最外圍扣除內孔面積為何？

答案：❶657.3385 ❷395.7514 ❸132.3680 ❹182.8430 ❺2043.4146

104. 試繪出下圖並回答下列五個問題 ....☑易□中□難

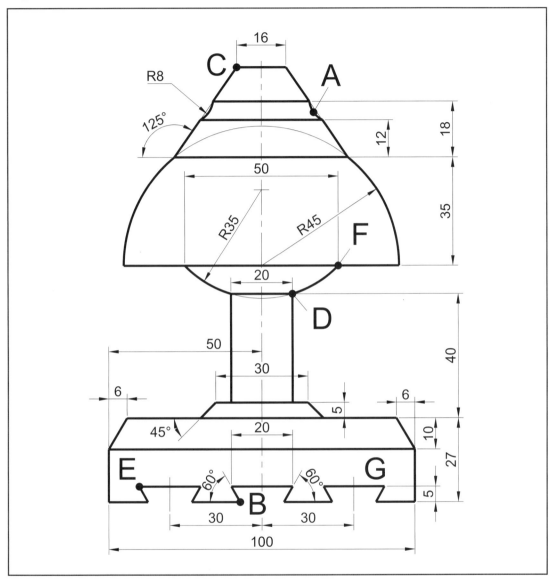

1. 中點 A 至端點 B 距離為何？

2. 交點 C 至交點 D 距離為何？

3. 交點 E 至交點 F 距離為何？

4. G 區域周長為何？

5. 圖形最外圍面積為何？

答案：❶127.8422 ❷75.2011 ❸96.2941 ❹285.9615 ❺7437.8277

105. 試繪出下圖並回答下列五個問題 .... ☑易□中□難

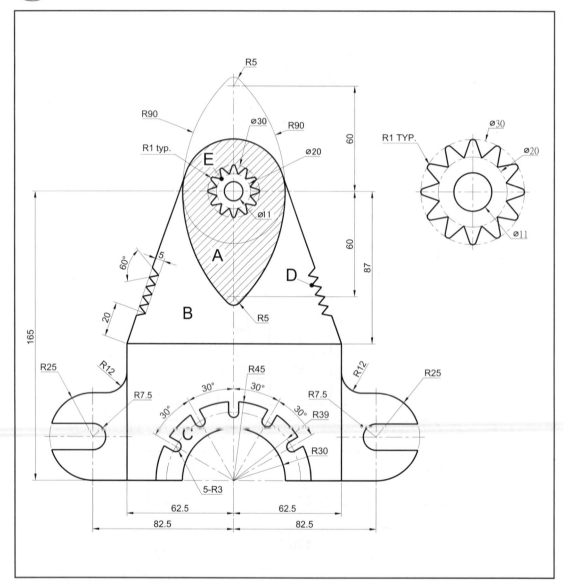

1. 斜線 A 區域面積為何？

2. B 區域所周長為何？

3. C 區域面積為何？

4. 交點 D 至交點 E 距離為何？

5. 圖形最外圍面積為何？

答案：❶3640.0445 ❷557.7857 ❸1517.4607 ❹80.0760 ❺20896.3378

106. 試繪出下圖並回答下列五個問題 .... ☑易□中□難

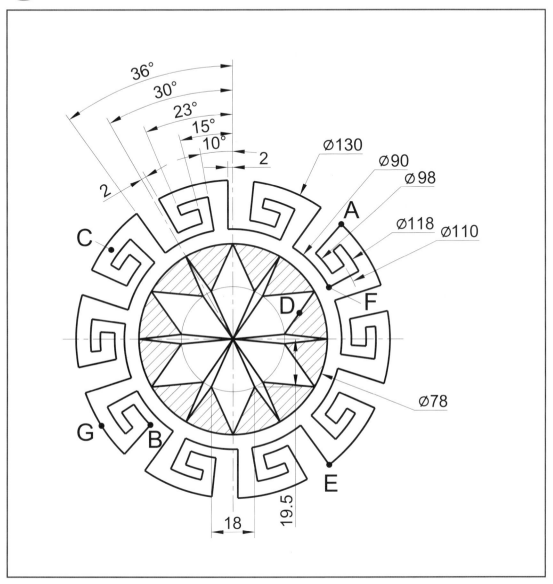

1. 交點 A 至交點 B 距離為何？

2. C 區域的面積為何？

3. 斜線區域的面積為何？

4. 中點 D 至交點 E 距離為何？

5. 交點 F 至中點 G 角度為何？

答案：❶113.9986 ❷5176.9602 ❸2214.7119 ❹63.3051 ❺210.9548

107. 試繪出下圖並回答下列五個問題 ....☑易□中□難

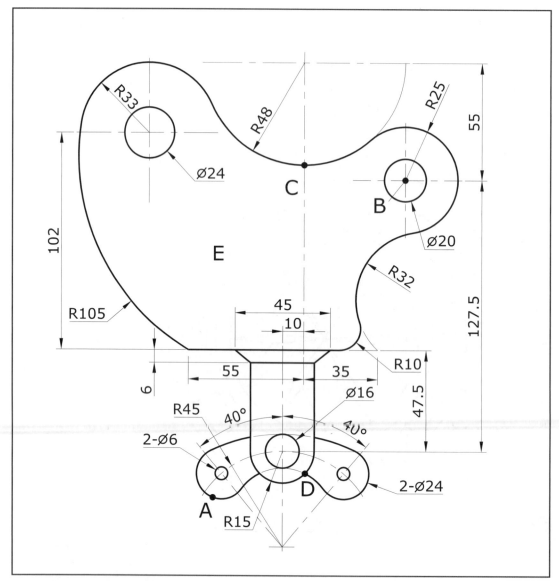

1. 圖形最大高度為何？

2. 弧 A 中心點至中心點 B 距離為何？

3. 區域 E 扣除內孔面積為何？

4. 弧 C 中心點至交點 D 距離為何？

5. 圖形最外圍的周長為何？

答案：❶205.0280 ❷163.1189 ❸14672.9551 ❹193.0122 ❺758.2307

108. 試繪出下圖並回答下列五個問題 .... ☑易□中□難

1. 交點 A 至中點 B 距離為何？

2. 交點 C 至四分點 D 角度為何？

3. 交點 E 至中點 F 距離為何？

4. 斜線區域總面積為何？

5. 圖形所圍成的面積為何？

答案：❶102.8023 ❷136.8476 ❸105.9592 ❹4426.2590 ❺16823.2162

109. 試繪出下圖並回答下列五個問題 ....☑易□中□難

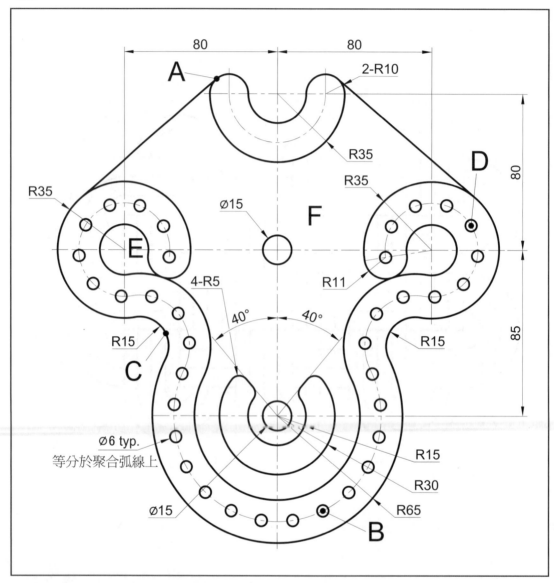

1. 交點 A 至中心點 B 距離為何？

2. 弧 C 中心點至中心點 D 距離為何？

3. E 區域面積為何？

4. F 區域扣除內孔的面積為何？

5. 圖形所圍成的周長為何？

答案：❶227.8722 ❷182.7865 ❸571.3929 ❹15745.1586 ❺792.9407

110. 試繪出下圖並回答下列五個問題 .... ☑易□中□難

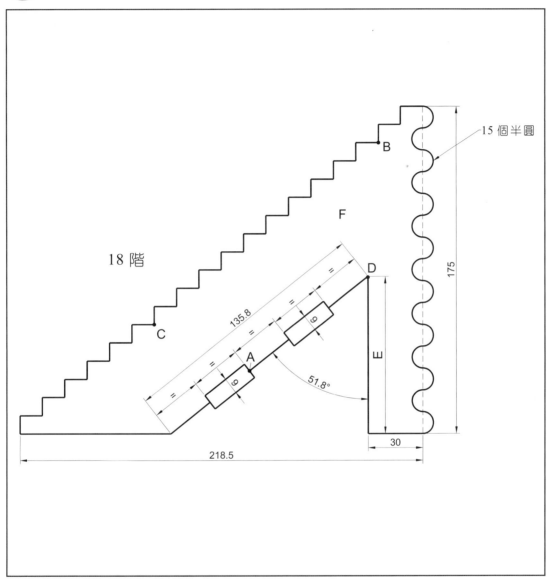

15 個半圓

18 階

1. 交點 A 至交點 B 距離為何？

2. 15 個半圓弧總長為何？

3. 交點 C 至交點 D 水平距離為何？

4. 尺寸 E 值為何？

5. F 區域的面積為何？

答案：❶140.5017 ❷274.8894 ❸115.6667 ❹83.9799 ❺15508.7748

4-2-2　第二類：綜合應用二

本書範例題目內容為認證題型與命題方向之示範，正式測驗試題不以範例題目為限。

201. 試繪出下圖並回答下列五個問題 ....☑易☐中☐難

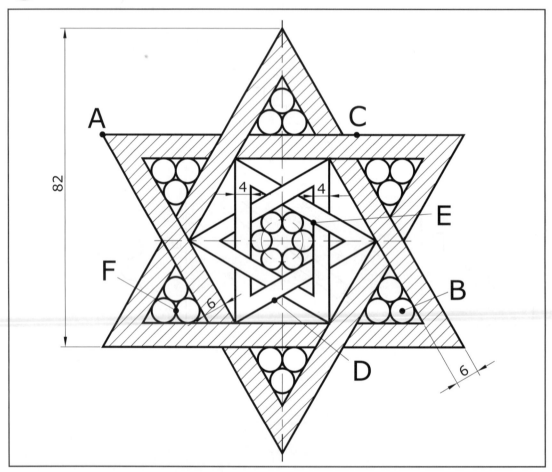

1. 交點 A 至中心點 B 距離為何？

2. 中點 C 至中點 D 角度為何？

3. 斜線區域面積為何？

4. 交點 E 至交點 F 角度為何？

5. 圖面中所有圓的總面積為何？

答案：❶90.8527　❷243.5533　❸2785.1377　❹212.1586　❺738.6083

202. 試繪出下圖並回答下列五個問題 ....☑易□中□難

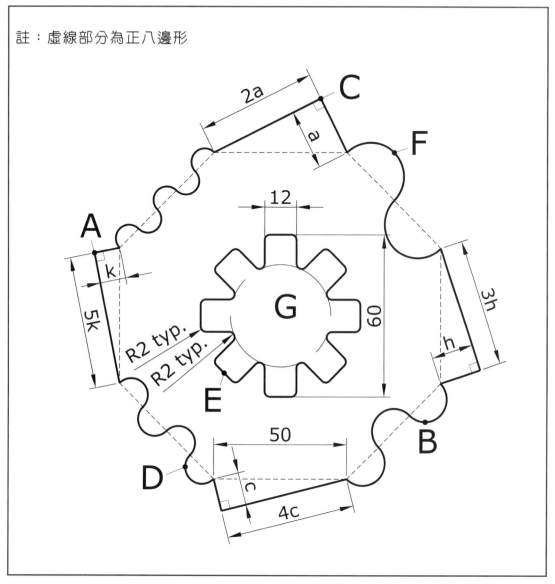

1. 交點 A 至四分點 B 距離為何？

2. 交點 C 至四分點 D 距離為何？

3. 中點 E 至中點 F 距離為何？

4. 區域 G 周長為何？

5. 圖形最外圍扣除內孔面積為何？

答案：❶139.1594 ❷145.4053 ❸103.6121 ❹290.9453 ❺11418.3954

203. 試繪出下圖並回答下列五個問題 ....☑易□中□難

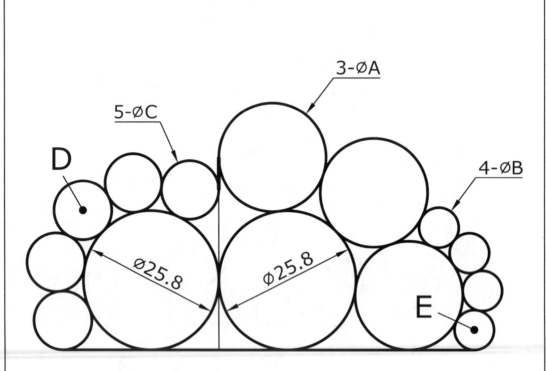

註：建議使用參數式繪製

1. 直徑 A 其值為何？

2. 直徑 B 其值為何？

3. 直徑 C 其值為何？

4. 中心點 D 至中心點 E 距離為何？

5. 圖形最大外圍的面積為何？

答案：❶20.1648 ❷7.4096 ❸10.8776 ❹77.0560 ❺2981.8262

204. 試繪出下圖並回答下列五個問題 ....☑易□中□難

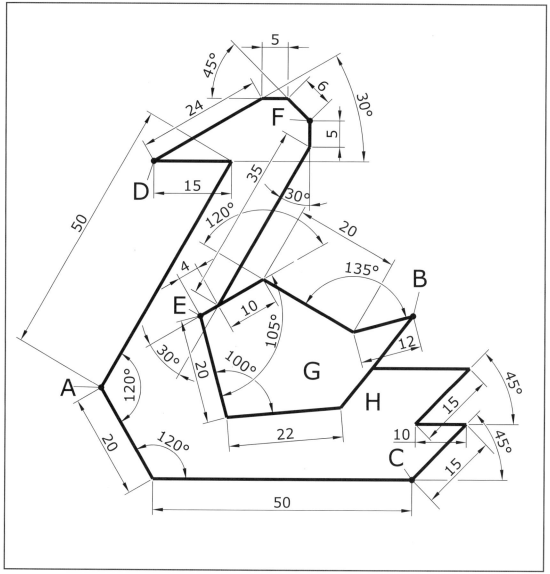

1. 交點 A 至交點 B 距離為何？

2. 交點 C 至交點 D 角度為何？

3. 交點 E 至交點 F 距離為何？

4. 區域 G 面積為何？

5. H 區域周長為何？

答案：❶ 61.6752 ❷ 129.5153 ❸ 42.7971 ❹ 633.2582 ❺ 324.6943

205. 試繪出下圖並回答下列五個問題 .... ☑易☐中☐難

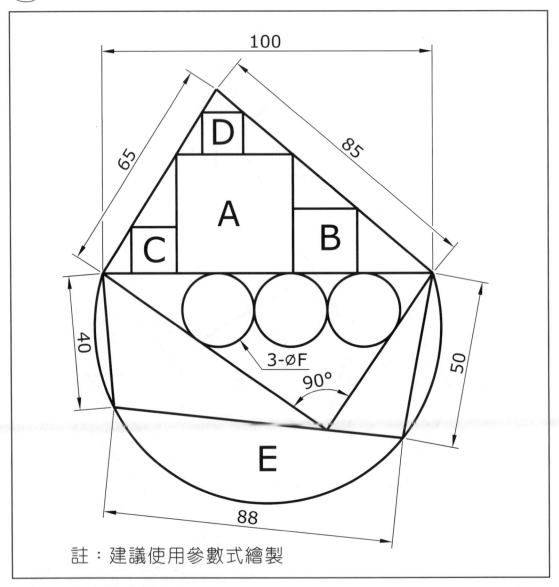

註：建議使用參數式繪製

1. 正方形 A 面積為何？

2. 正方形 B+C+D 面積為何？

3. E 區域周長為何？

4. 直徑 F 其值為何？

5. 圖形最大外圍面積為何？

答案：❶1252.3768 ❷716.0592 ❸192.3442 ❹21.934 ❺8723.9192

206. 試繪出下圖並回答下列五個問題 ....☑易□中□難

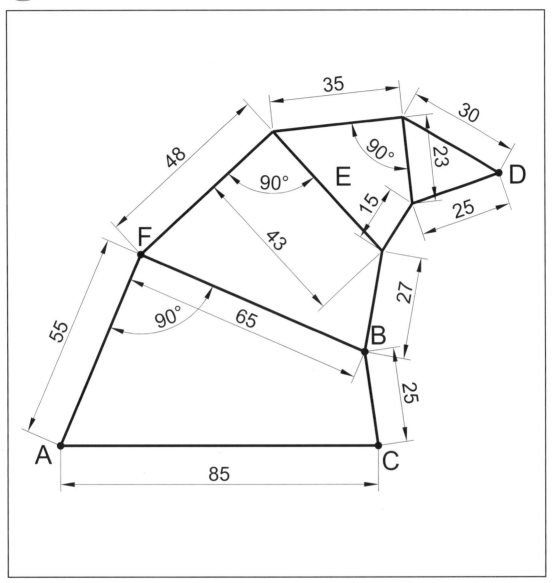

1. 交點 A 至交點 B 距離為何？

2. 交點 C 至交點 D 高度為何？

3. E 區域面積為何？

4. 交點 F 至交點 D 距離為何？

5. 圖形所圍成的面積為何？

答案：❶ 85.1469 ❷ 72.0247 ❸ 714.9200 ❹ 98.6386 ❺ 5721.0237

207. 試繪出下圖並回答下列五個問題 .... ☑易□中□難

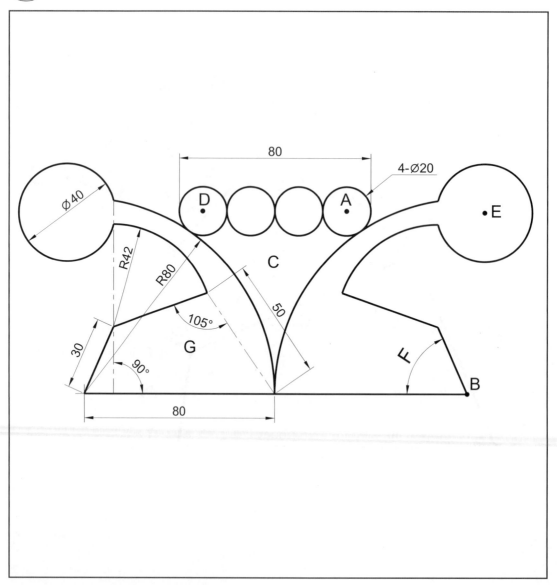

1. 中心點 A 至交點 B 的垂直距離為何？

2. C 區域面積為何？

3. 中心點 D 至中心點 E 距離為何？

4. 尺寸 F 角度為何？

5. G 區域周長為何？

答案：❶74.8331 ❷1418.2060 ❸117.2296 ❹66.0441 ❺433.1723

208. 試繪出下圖並回答下列五個問題 ....☑易□中□難

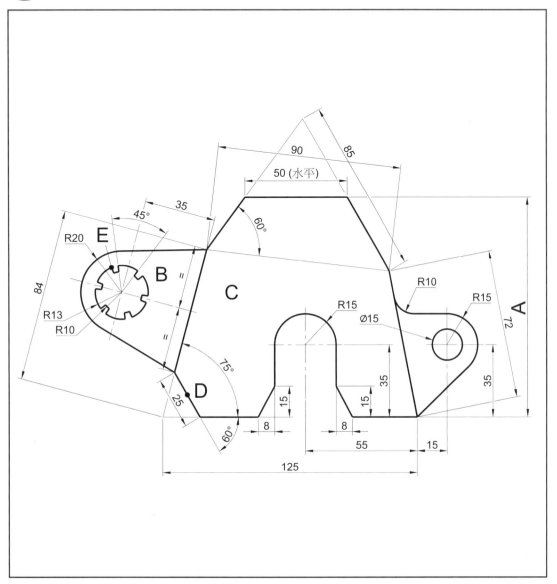

1. A 垂直距離為何？

2. B 區域扣除內孔的面積為何？

3. C 區域的周長為何？

4. 中點 D 至交點 E 距離為何？

5. 圖形最外圍扣除內孔面積為何？

答案：❶106.4707 ❷1960.2657 ❸463.2769 ❹71.9227 ❺11621.3804

209. 試繪出下圖並回答下列五個問題 .... ☑易□中□難

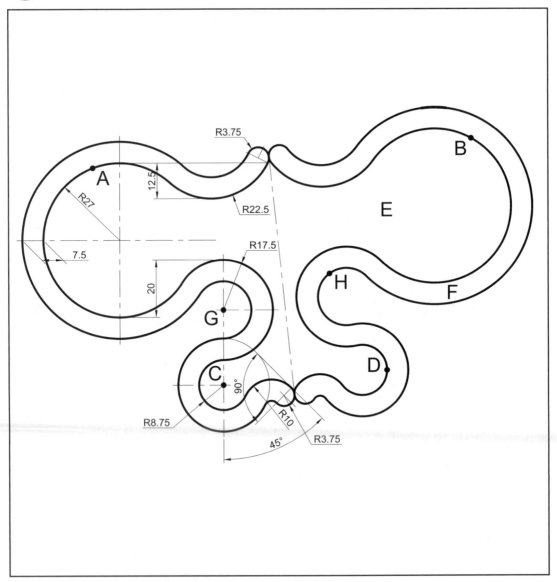

1. 弧 A 至弧 B 中心點距離為何？

2. 中心點 C 至弧 D 中心點距離為何？

3. E 區域面積為何？

4. F 區域周長為何？

5. 中心點 G 至弧 H 中心點距離為何？

答案：❶112.3486 ❷49.1678 ❸7447.6085 ❹635.1898 ❺43.6324

210. 試繪出下圖並回答下列五個問題 ....☑易□中□難

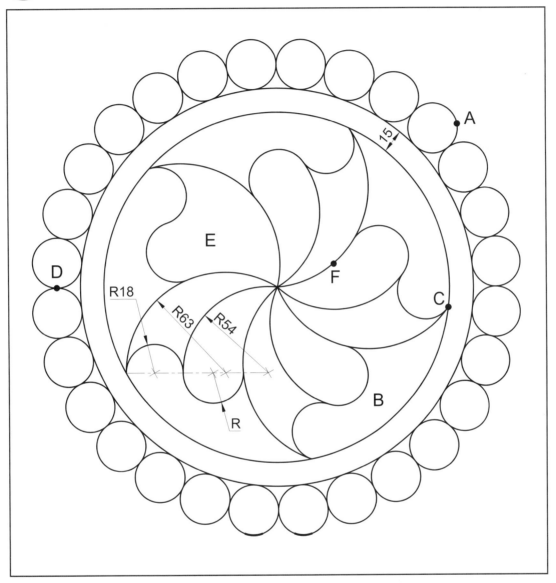

1. 圓 A 半徑為何？

2. B 區域周長為何？

3. 交點 C 至交點 D 垂直距離為何？

4. E 區域面積為何？

5. 弧 F 夾角為何？

答案：❶15.7578 ❷328.0658 ❸13.0110 ❹4294.1761 ❺121.5881

4-2-3 第三類：綜合應用三

本書範例題目內容為認證題型與命題方向之示範，正式測驗試題不以範例題目為限。

301. 試繪出下圖並回答下列五個問題 .... □易 ☑中 □難

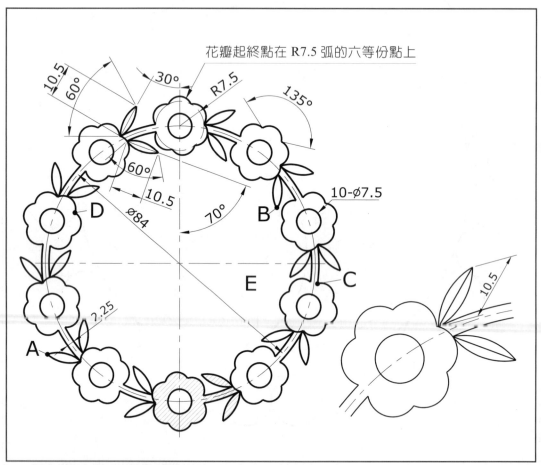

花瓣起終點在 R7.5 弧的六等份點上

1. 交點 A 至交點 B 距離為何？

2. 交點 C 至交點 D 角度為何？

3. 斜線區域面積為何？

4. 區域 E 周長為何？

5. 圖形最外圍面積為何？

答案：❶84.1676 ❷164.0943 ❸244.2465 ❹561.7675 ❺7030.1534

302. 試繪出下圖並回答下列五個問題 ....□易☑中□難

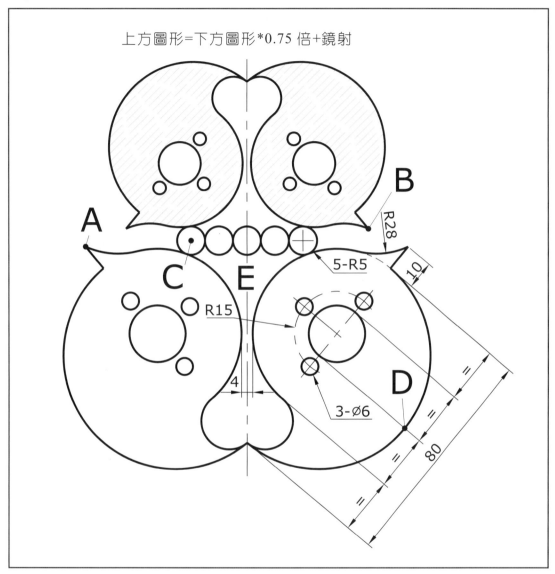

1. 交點 A 至交點 B 距離為何？

2. 中心點 C 至中點 D 角度為何？

3. 區域 E 周長為何？

4. 斜線區域面積為何？

5. 圖形最外圍面積為何？

答案：❶100.9967 ❷319.0833 ❸254.9915 ❹3836.4734 ❺14236.0928

303. 試繪出下圖並回答下列五個問題 .... □易 ☑中 □難

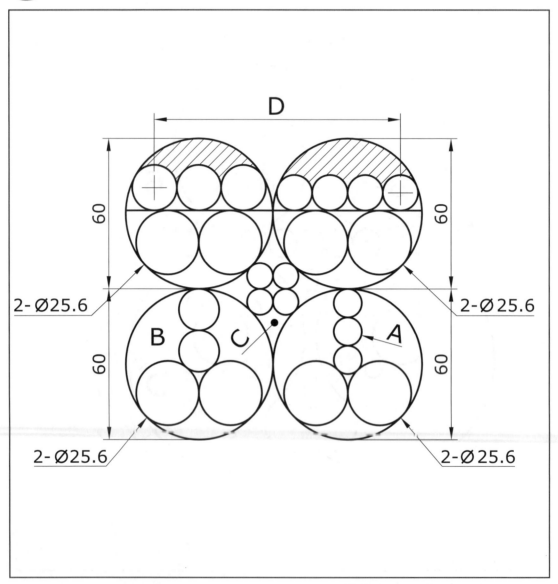

1. 圓 A 直徑值為何？

2. 區域 B 周長為何？

3. 區域 C 面積為何？

4. 水平距離 D 值為何？

5. 斜線區域面積為何？

答案：❶11.2848 ❷153.3837 ❸104.2242 ❹99.4580 ❺1010.0215

304. 試繪出下圖並回答下列五個問題 ....□易☑中□難

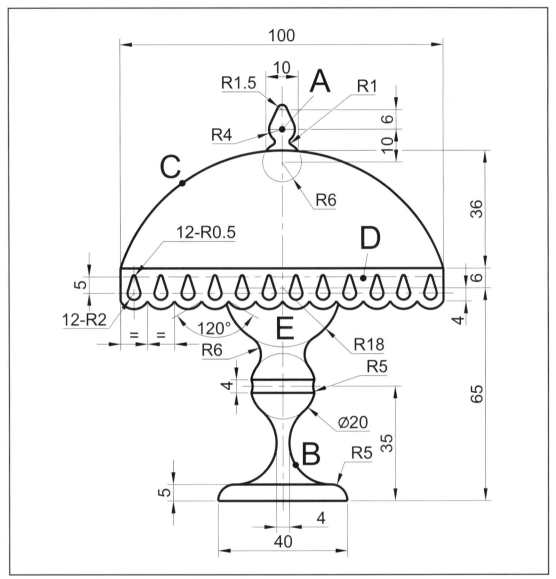

1. 中心點 A 至弧 B 中心點距離為何？

2. 弧 C 半徑為何？

3. D 區域扣除內孔面積為何？

4. E 區域周長為何？

5. 圖形最外圍面積為何？

答案：❶96.8661 ❷52.7222 ❸933.6942 ❹117.4651 ❺4909.0864

305. 試繪出下圖並回答下列五個問題 .... □易 ☑中 □難

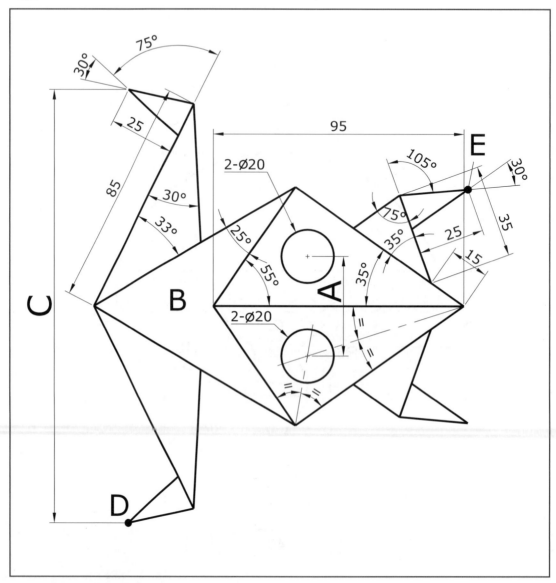

1. 尺寸 A 長度為何？

2. B 區域面積為何？

3. 尺寸 C 長度為何？

4. 端點 D 至端點 E 之距離為何？

5. 圖形所圍成最外圍面積為何？

答案：❶37.3092 ❷2055.7608 ❸162.2334 ❹179.7561 ❺9896.4295

306. 試繪出下圖並回答下列五個問題 ………………… □易 ☑中 □難

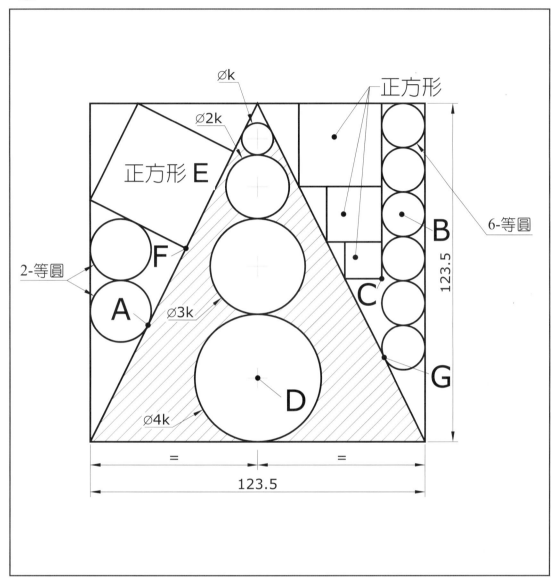

1. 交點 A 至中心點 B 距離為何？

2. 交點 C 至中心點 D 距離為何？

3. 正方形 E 的周長為何？

4. 交點 F 至交點 G 距離為何？

5. 斜線區域面積為何？

答案：❶102.4277 ❷58.1405 ❸157.8025 ❹83.0492 ❺4408.3792

307. 試繪出下圖並回答下列五個問題 .... □易☑中□難

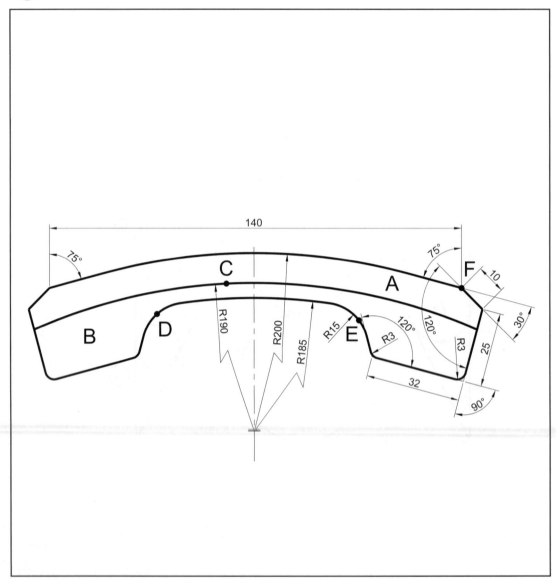

1. A 區域面積為何？

2. B 區域周長為何？

3. 弧 C 夾角為何？

4. 弧 D 至弧 E 中心點距離為何？

5. 交點 F 至弧 D 中心點距離為何？

答案：❶1565.2718 ❷351.9501 ❸46.6683 ❹46.7015 ❺95.4504

308. 試繪出下圖並回答下列五個問題 .... □易☑中□難

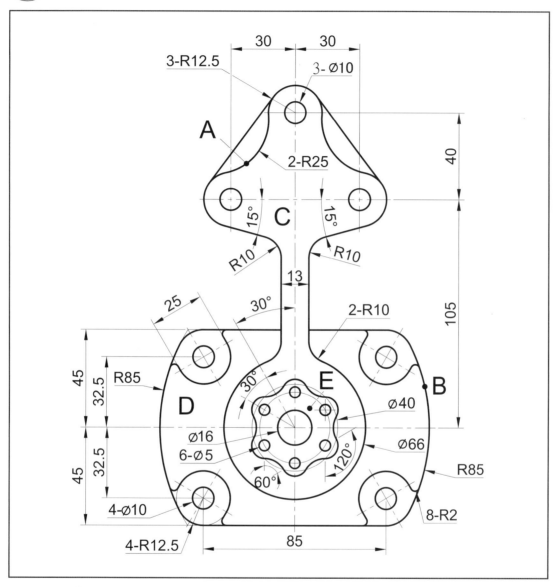

1. 弧 A 中心點至弧 B 中心點距離為何？

2. C 區域扣除內孔面積為何？

3. D 區域面積為何？

4. E 區域扣除內孔面積為何？

5. 圖形最外圍周長為何？

答案：❶142.5675 ❷6053.6047 ❸4852.0097 ❹954.5307 ❺674.7050

309. 試繪出下圖並回答下列五個問題 .... □易 ☑中 □難

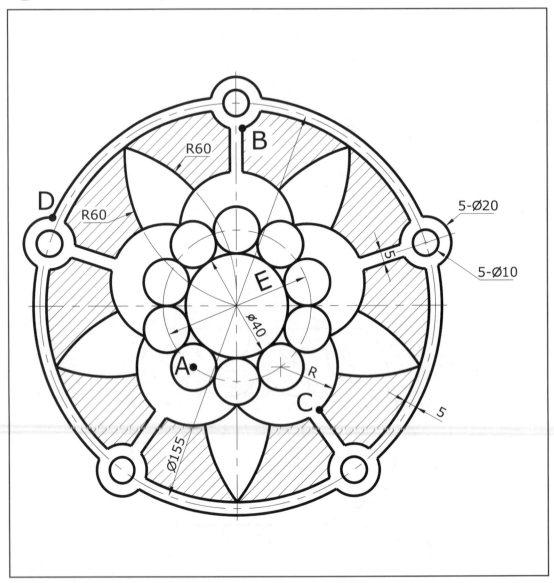

1. 中心點 A 至交點 B 垂直距離為何？

2. 交點 C 至交點 D 水平距離為何？

3. 斜線區域面積總和為何？

4. 尺寸 E 值為何？

5. 圖形最外圍周長為何？

答案：❶91.2339 ❷104.5568 ❸7091.1787 ❹57.8885 ❺542.2316

310. 試繪出下圖並回答下列五個問題 ....□易☑中□難

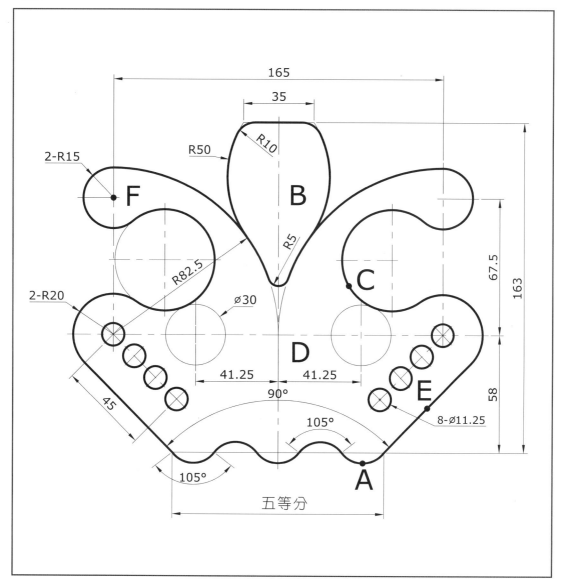

1. 弧 A 半徑為何？

2. B 區域周長為何？

3. 弧 C 長度為何？

4. D 區域扣除內孔之面積為何？

5. 中點 E 至中心點 F 距離為何？

答案：❶13.3066 ❷212.8395 ❸111.3373 ❹16648.2194 ❺188.2630

4-2-4 第四類：玩具&生活用品應用

本書範例題目內容為認證題型與命題方向之示範，正式測驗試題不以範例題目為限。

401. 試繪出下圖並回答下列五個問題 ....□易☑中□難

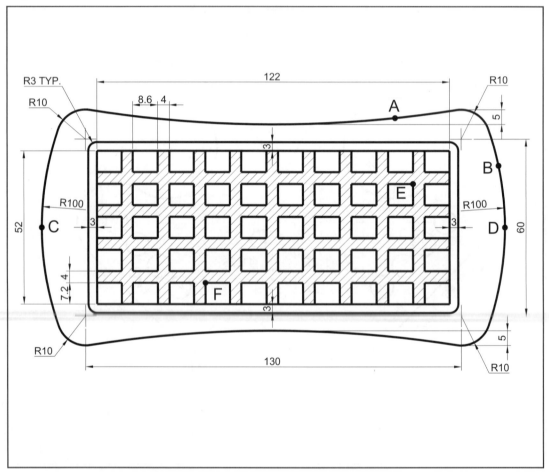

1. 弧 A 包含角度為何？

2. 弧 B 長度為何？

3. 中點 C 至中點 D 水平距離為何？

4. 交點 E 至交點 F 距離為何？

5. 斜線區域面積為何？

答案：❶17.5948 ❷67.9674 ❸160.2944 ❹79.0918 ❺3248.0000

402. 試繪出下圖並回答下列五個問題 ....□易☑中□難

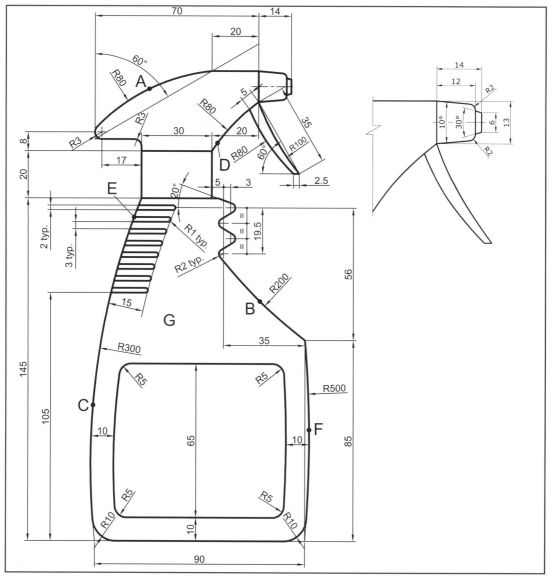

1. 中點 A 至中點 B 距離為何？

2. 弧 C 與弧 D 中心點距離為何？

3. 交點 E 至弧 F 中心點距離為何？

4. G 區域扣除內孔面積為何？

5. 圖形最外圍面積為何？

答案：❶101.5168 ❷201.7252 ❸435.4720 ❹6084.9363 ❺13512.1579

403. 試繪出下圖並回答下列五個問題 .... □易 ☑中 □難

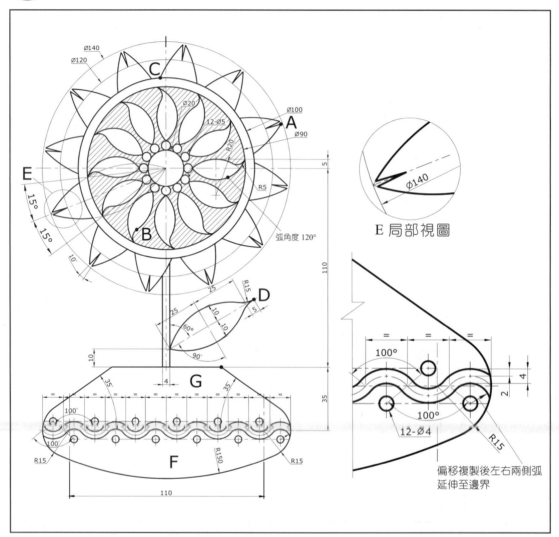

E 局部視圖

1. 交點 A 至端點 B 角度為何？

2. 交點 C 至端點 D 距離為何？

3. F 與 G 區域扣除內孔面積為何？

4. 斜線區域面積為何？

5. 圖形最外圍面積為何？

答案：❶215.7375 ❷133.2786 ❸5956.5970 ❹3228.3231 ❺18373.4262

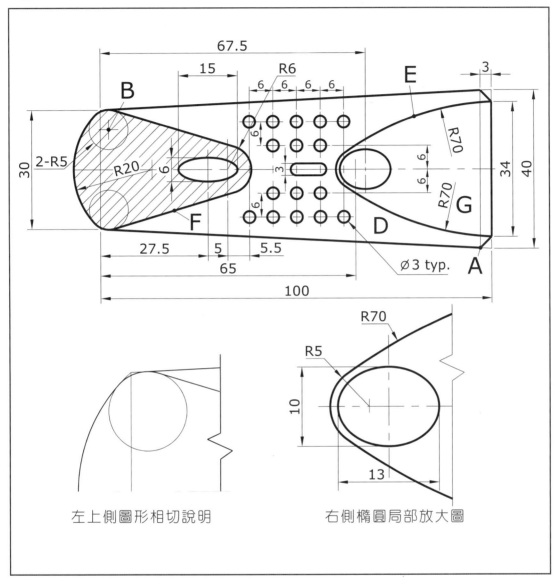

404. 試繪出下圖並回答下列五個問題 .... □易☑中□難

左上側圖形相切說明　　右側橢圓局部放大圖

1. 交點 A 至中心點 B 距離為何？

2. 斜線區域面積為何？

3. 區域 D 扣除內孔面積為何？

4. 弧 E 中心點至中點 F 距離為何？

5. 區域 G 扣除內部橢圓面積為何？

答案：❶99.4766 ❷845.4299 ❸1609.1404 ❹94.0286 ❺865.3672

405. 試繪出下圖並回答下列五個問題 ....□易☑中□難

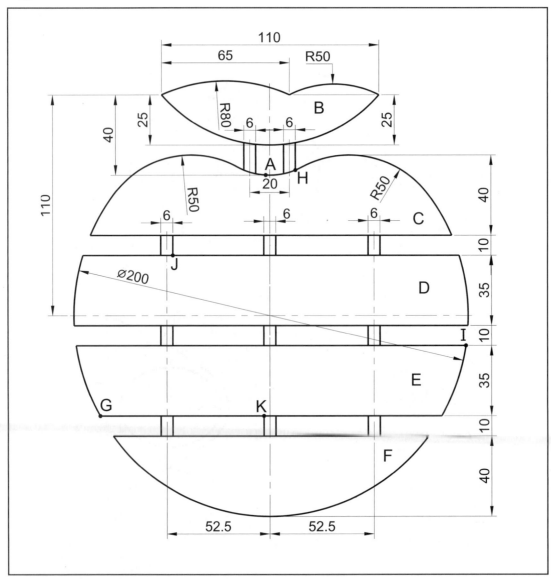

1. 弧 A 長度為何？

2. B 區域周長為何？

3. C+D+E+F 區域面積總和為何？

4. 交點 G 至交點 H 距離為何？

5. ∠IJK 包含角度為何？

答案：❶34.2970 ❷238.1872 ❸23755.3983 ❹157.8856 ❺42.9602

406. 試繪出下圖並回答下列五個問題 .... □易☑中□難

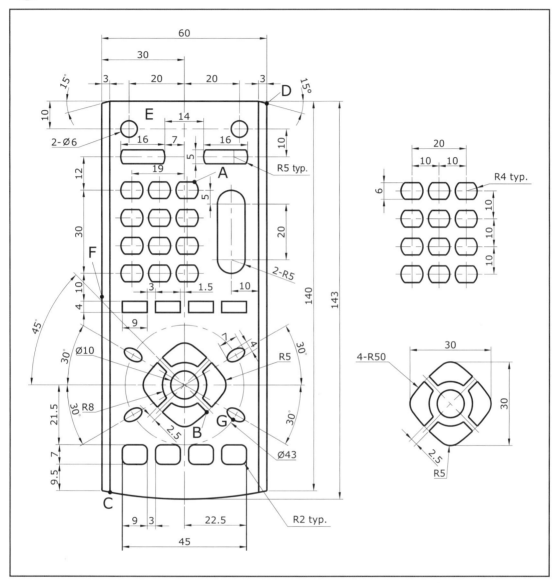

1. 交點 A 至交點 B 距離為何？

2. 交點 C 至交點 D 距離為何？

3. E 區域扣除內孔面積為何？

4. 中點 F 至交點 G 角度為何？

5. 圖形最外圍周長為何？

答案：❶ 82.9200 ❷ 150.9466 ❸ 5786.7842 ❹ 317.1928 ❺ 399.0032

407. 試繪出下圖並回答下列五個問題 ....□易☑中□難

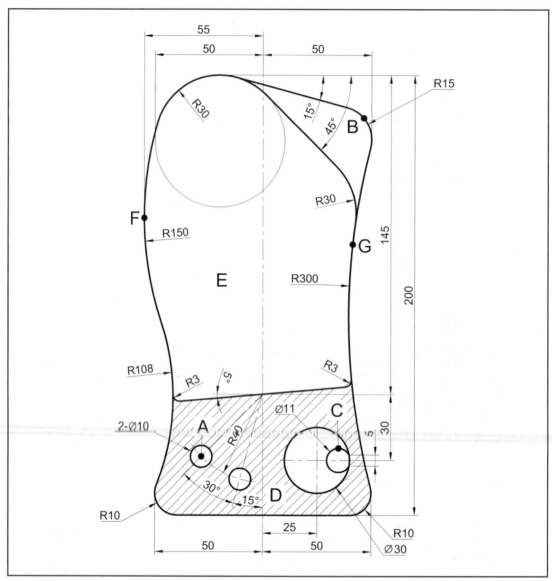

1. 中心點 A 至弧 B 中心點距離為何？

2. 弧 B 長度為何？

3. 斜線 D 區域面積為何？

4. E 區域周長為何？

5. 弧 F 至弧 G 中心點距離為何？

答案：❶157.3622 ❷23.5223 ❸4140.6799 ❹420.2203 ❺248.7071

408. 試繪出下圖並回答下列五個問題 ....□易☑中□難

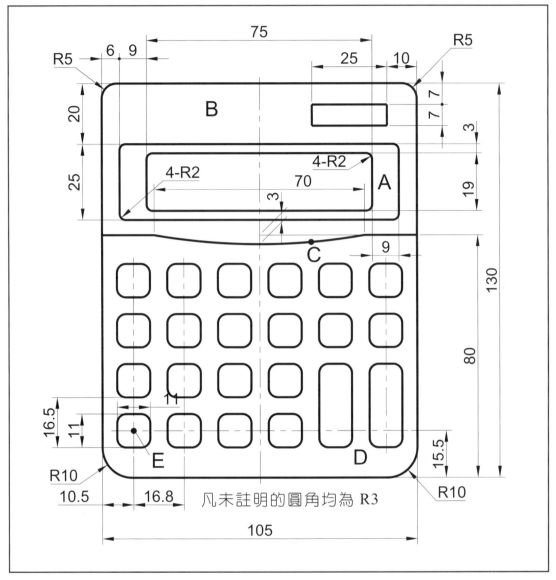

1. A 區域扣除內孔面積為何？

2. B 區域扣除內孔面積為何？

3. 弧 C 半徑為何？

4. D 區域扣除按鍵面積為何？

5. 交點 E 至弧 C 中心點距離為何？

答案：❶900.0000 ❷2882.9090 ❸205.6667 ❹5361.8388 ❺270.4478

409. 試繪出下圖並回答下列五個問題 .... □易 ☑中 □難

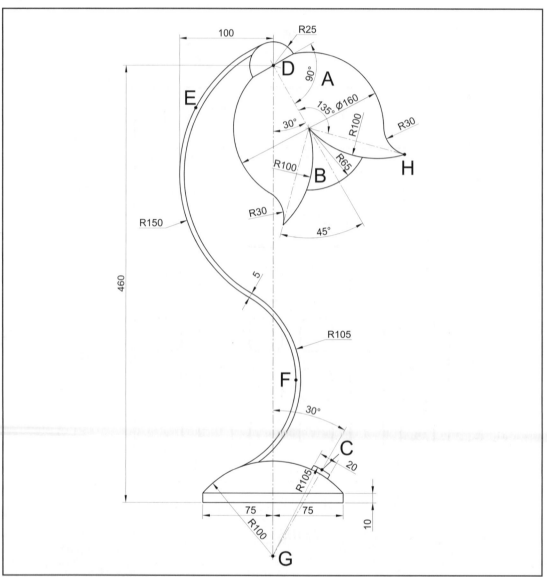

1. A 區域面積為何？

2. B 區域周長為何？

3. 中點 C 至中心點 D 距離為何？

4. 中心點 E 至中心點 F 的垂直距離為何？

5. 中心點 G 至交點 H 距離為何？

答案：❶17359.3458 ❷205.0501 ❸428.4399 ❹216.3112 ❺445.5791

410. 試繪出下圖並回答下列五個問題 ....□易☑中□難

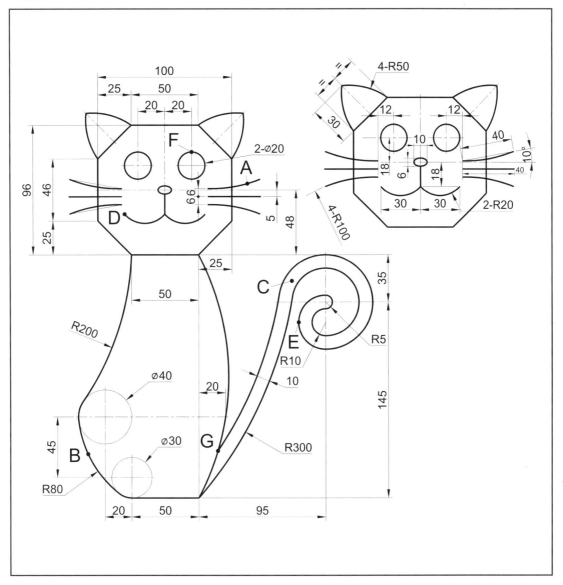

1. 弧 A 中心點至弧 B 中心點距離為何？

2. C 區域的周長為何？

3. 端點 D 至弧 E 的四分點距離為何？

4. 四分點 F 至交點 G 距離為何？

5. 圖形最外圍（不含鬍鬚）扣除眼睛、鼻子的面積為何？

答案：❶263.2184 ❷713.2847 ❸152.6434 ❹222.0435 ❺27569.0315

4-2-5 第五類：機械設計應用

本書範例題目內容為認證題型與命題方向之示範，正式測驗試題不以範例題目為限。

501. 試繪出下圖並回答下列五個問題 ....□易☑中□難

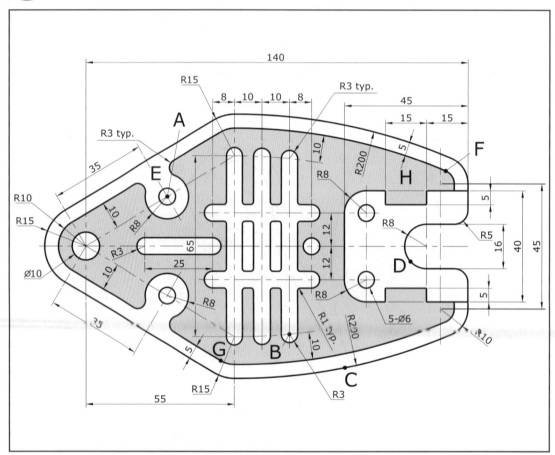

1. 中心點 A 至中心點 B 距離為何？

2. 弧 C 中心點與弧 D 中心點距離為何？

3. E 區域扣除內孔面積為何？

4. 端點 F 至端點 G 角度為何？

5. 灰底（H 區域扣除內孔）面積為何？

答案：❶66.6824 ❷167.3809 ❸2160.8513 ❹219.7446 ❺5316.6264

502. 試繪出下圖並回答下列五個問題 .... □易☑中□難

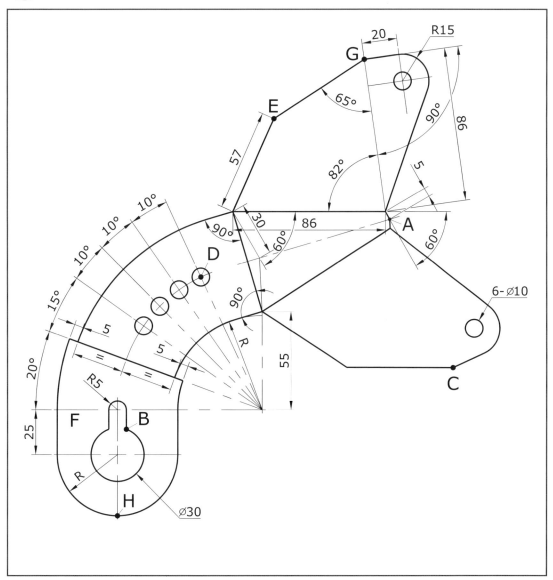

1. 交點 A 至交點 B 距離為何？

2. ∠CDE 角度為何？

3. 區域 F 扣除內孔面積為何？

4. 四分點 H 至交點 G 高度為何？

5. 圖形最外圍扣除內孔面積為何？

答案：❶189.6912 ❷84.5920 ❸4645.7368 ❹255.2678 ❺25138.2070

503. 試繪出下圖並回答下列五個問題 .... □易☑中□難

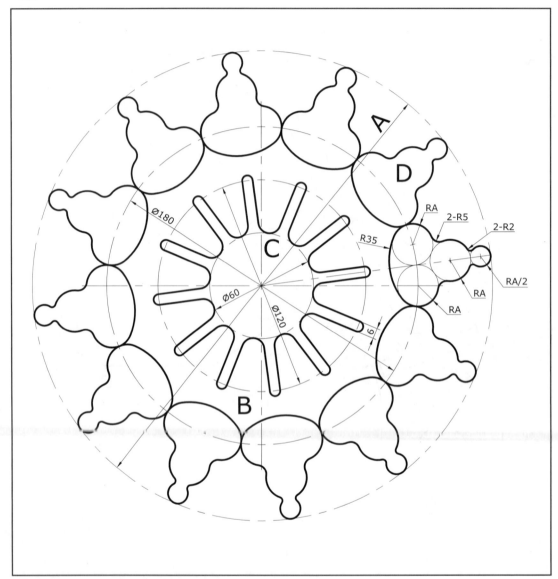

1. 圖形最大直徑 A 值為何？

2. B 區域扣除內孔面積為何？

3. C 區域周長為何？

4. D 區域周長為何？

5. 圖形所圍成最外圍面積為何？

答案：❶266.1435 ❷13621.8213 ❸910.5599 ❹174.4251 ❺37908.0931

504. 試繪出下圖並回答下列五個問題 ....□易☑中□難

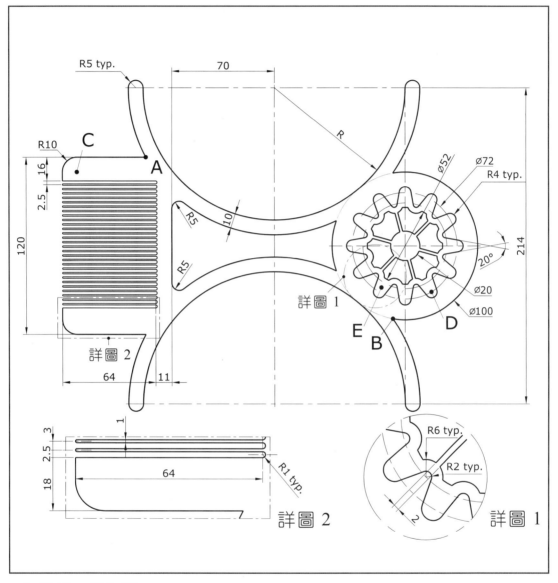

1. 半徑 R 值為何？

2. 交點 A 至交點 B 距離為何？

3. 中心點 C 至中心點 D 距離為何？

4. 區域 E 扣除內孔面積為何？

5. 圖形最外圍周長為何？

答案：❶89.4900 ❷201.0215 ❸255.7168 ❹2268.7749 ❺4979.3694

505. 試繪出下圖並回答下列五個問題 .... □易☑中□難

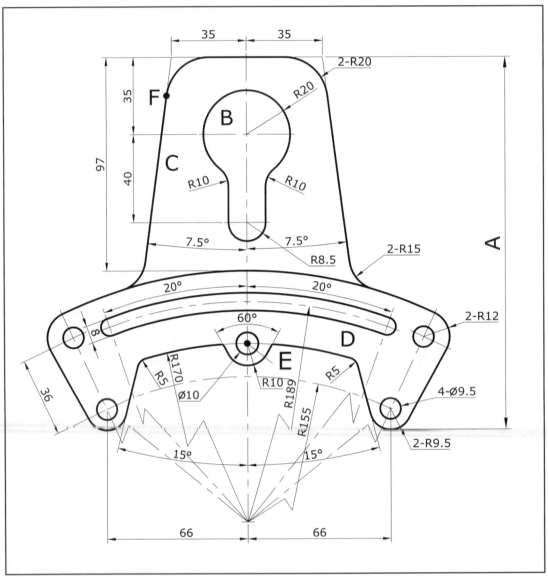

1. 尺寸 A 長度為何？

2. B 區域周長為何？

3. C 區域扣除內孔面積為何？

4. D 區域扣除內孔面積為何？

5. 中心點 E 至交點 F 距離為何？

答案：❶169.2538 ❷176.6796 ❸6393.3638 ❹5941.5174 ❺118.6239

506. 試繪出下圖並回答下列五個問題 ....□易☑中□難

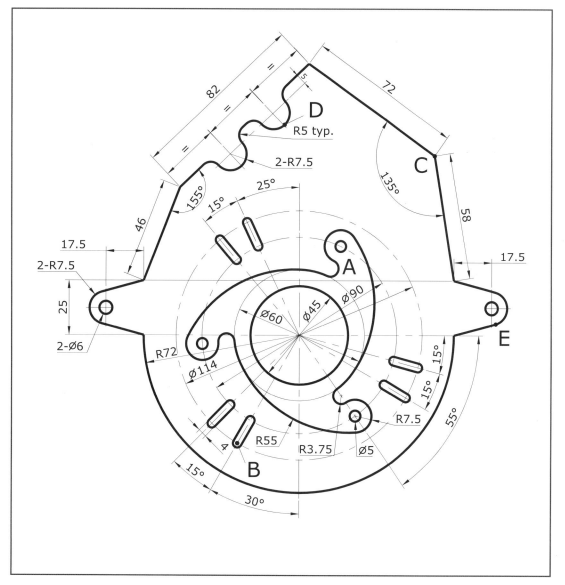

1. 圖形最大高度值為何？

2. A 區域扣除內孔面積為何？

3. 中心點 B 至交點 C 距離為何？

4. 中點 D 至交點 E 距離為何？

5. 圖形最外圍面積為何？

答案：❶196.3148 ❷2857.2691 ❸160.1087 ❹134.1428 ❺21705.8414

507. 試繪出下圖並回答下列五個問題 ....□易☑中□難

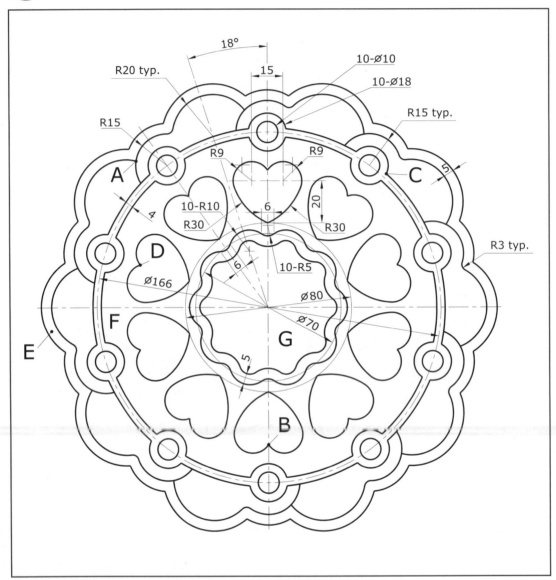

1. 交點 A 至交點 B 距離為何？

2. 交點 C 至交點 D 距離為何？

3. E 區域的周長為何？

4. F 區域扣除內孔面積為何？

5. G 區域的面積為何？

答案：❶148.5818 ❷126.2435 ❸1428.6497 ❹8704.7267 ❺2979.5704

508. 試繪出下圖並回答下列五個問題 ....□易☑中□難

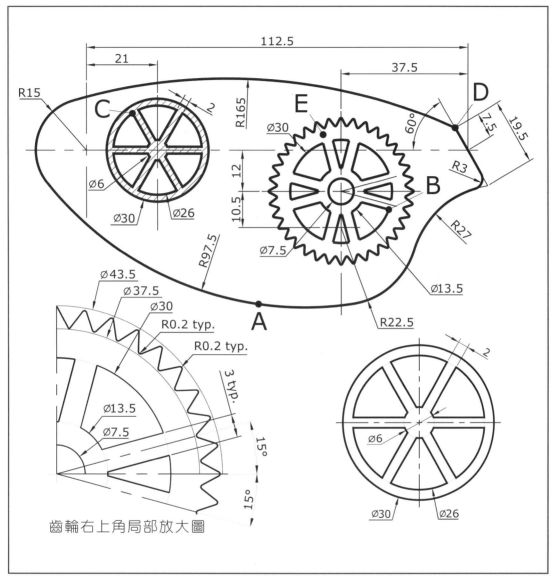

齒輪右上角局部放大圖

1. 弧 A 中心點至交點 B 距離為何？

2. 交點 C 至交點 D 距離為何？

3. 斜線區域面積為何？

4. 區域 E 扣除內孔面積為何？

5. 圖形最外圍周長為何？

答案：❶73.3454 ❷95.1908 ❸324.7278 ❹870.0348 ❺318.9190

509. 試繪出下圖並回答下列五個問題 .... □易 ☑中 □難

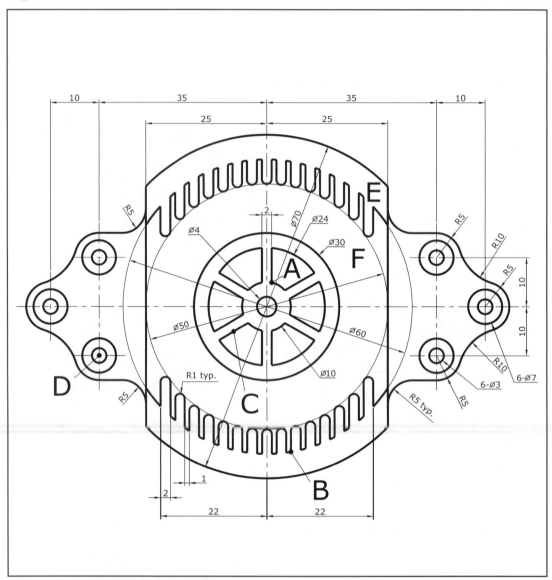

1. 交點 A 至交點 B 角度為何？

2. 中點 C 至中心點 D 距離為何？

3. E 區域面積為何？

4. F 區域扣除內孔面積為何？

5. 圖形最外圍面積為何？

答案：❶ 276.6174 ❷ 28.6265 ❸ 448.5265 ❹ 1570.0607 ❺ 4300.8730

510. 試繪出下圖並回答下列五個問題 ....□易☑中□難

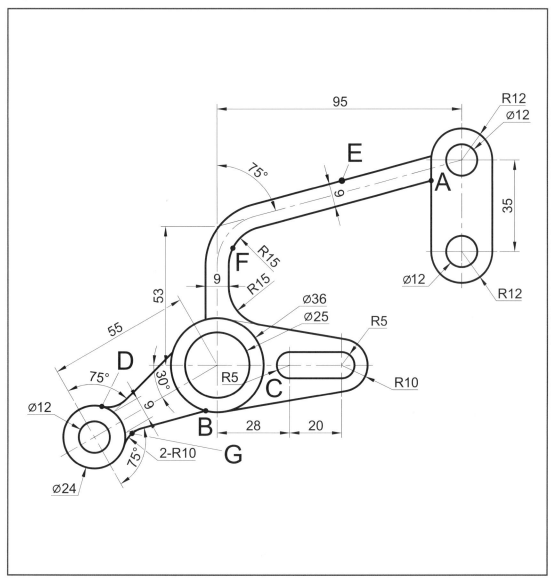

1. 交點 A 至交點 B 距離為何？

2. C 區域扣除內孔的面積為何？

3. 交點 D 至中點 E 距離為何？

4. 弧 F 至弧 G 兩中心點角度為何？

5. 圖形最大外圍面積為何？

答案：❶124.0707 ❷1815.0572 ❸126.9469 ❹237.3211 ❺5312.9216

4-2-6 第六類：建築&室內設計應用

> 本書範例題目內容為認證題型與命題方向之示範，正式測驗試題不以範例題目為限。

 601. 試繪出下圖並回答下列五個問題 .... □易□中☑難

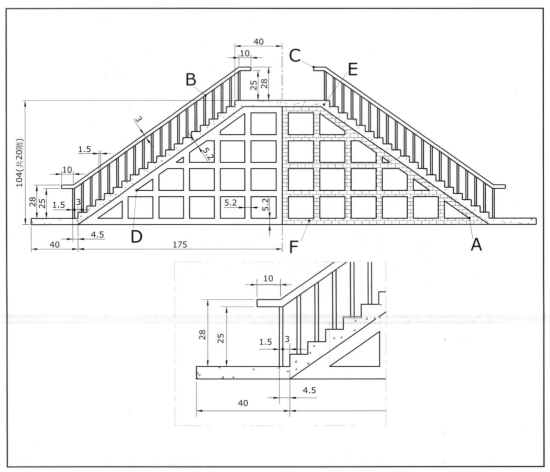

1. 交點 A 至交點 B 距離為何？

2. 交點 C 至交點 D 距離為何？

3. 剖面區域 E 面積為何？

4. 剖面區域 F 面積為何？

5. 圖形最外圍面積為何？

答案：❶246.4314 ❷183.0608 ❸2977.0000 ❹4871.0044 ❺31690.2022

602. 試繪出下圖並回答下列五個問題 ……………………□易□中☑難

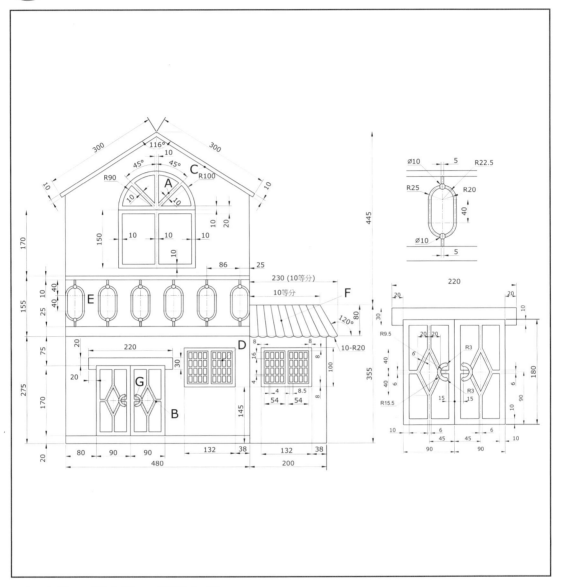

1. 中點 A 至交點 B 距離為何？

2. 中點 C 至交點 D 距離為何？

3. E 區域面積為何？

4. 中點 F 至中心點 G 距離為何？

5. 圖形所圍成的面積為何？

答案：❶537.3259 ❷499.3576 ❸6196.2817 ❹423.9819 ❺419907.1598

603. 試繪出下圖並回答下列五個問題 .... □易□中☑難

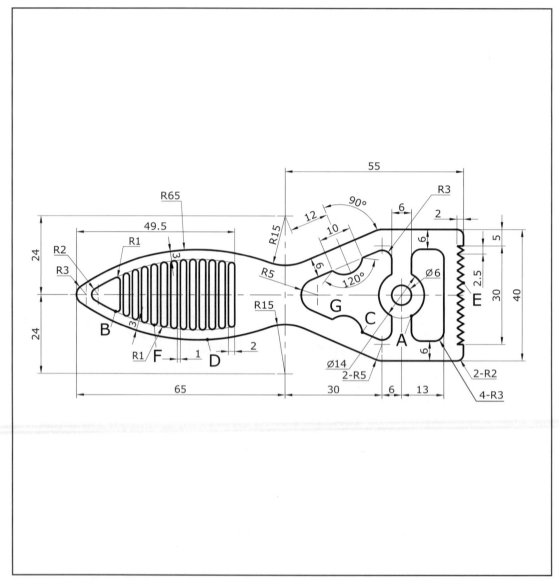

1. 交點 A 至端點 B 距離為何？

2. 交點 C 至弧 D 中心點距離為何？

3. G 區域面積為何？

4. 交點 E 至四分點 F 距離為何？

5. 圖形扣除內孔面積為何？

答案：❶91.9239 ❷80.7035 ❸427.3399 ❹96.3813 ❺2004.9858

604. 試繪出下圖並回答下列五個問題 .... □易□中☑難

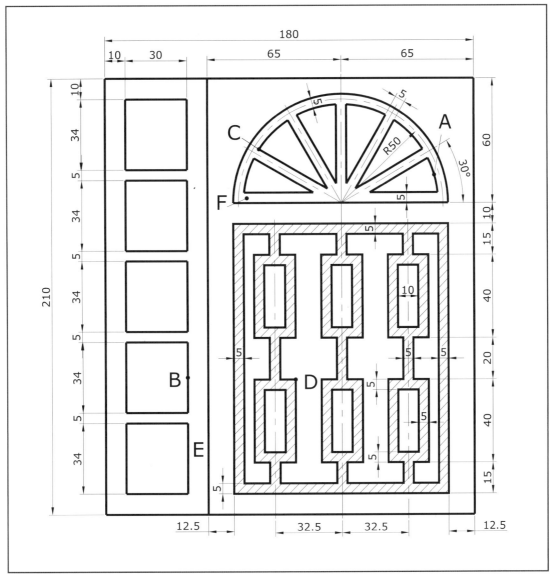

1. 中點 A 至中點 B 距離為何？

2. 斜線區域面積為何？

3. 交點 C 至交點 D 高度為何？

4. E 區域扣除內孔面積為何？

5. F 區域扣除內孔面積為何？

 答案：❶155.0372 ❷5850.0000 ❸110.8821 ❹5400.0000 ❺2249.0432

605. 試繪出下圖並回答下列五個問題 ……………………… □易□中☑難

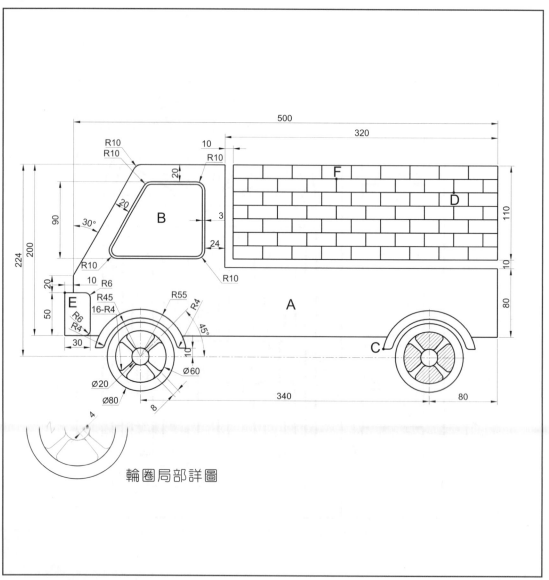

輪圈局部詳圖

1. A 區域淨面積為何？

2. B 區域周長為何？

3. 交點 C 至交點 D 距離為何？

4. 交點 E 至交點 F 距離為何？

5. 斜線區域面積為何？

答案：❶42868.1806　❷342.4738　❸200.3118　❹347.5464　❺1980.1461

606. 試繪出下圖並回答下列五個問題 ....□易□中☑難

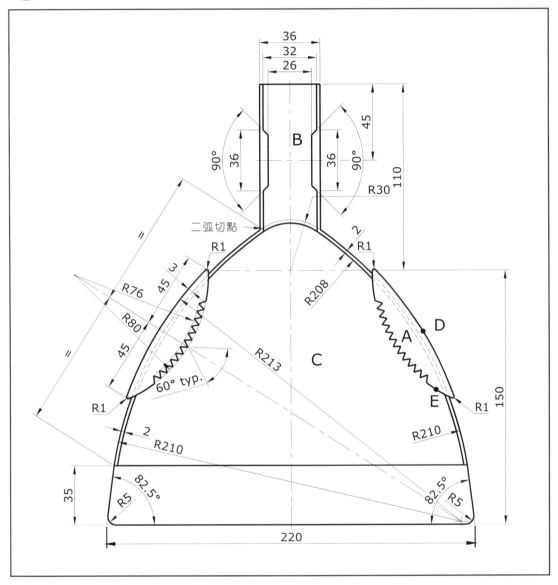

1. A 區域周長為何？

2. B 區域面積為何？

3. C 區域周長為何？

4. 弧 D 中心點至弧 E 中心點距離為何？

5. 圖形最外圍所圍成的面積為何？

答案：❶241.2301 ❷2477.4835 ❸689.2216 ❹272.9962 ❺32001.0348

607. 試繪出下圖並回答下列五個問題 .... □易□中☑難

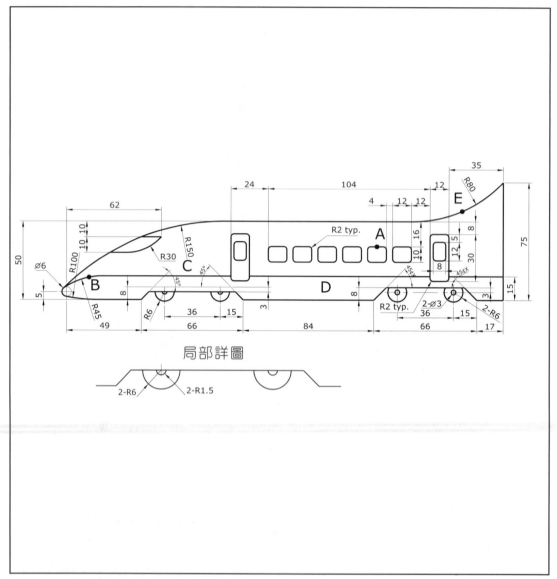

局部詳圖

1. 中點 A 至弧 B 中心點距離為何？

2. C 區域面積扣除內孔面積為何？

3. D 區域周長為何？

4. 弧 E 角度為何？

5. 圖形最外圍所圍成的面積為何？

答案：❶188.9524 ❷7537.1515 ❸609.2789 ❹46.5675 ❺12763.5388

608. 試繪出下圖並回答下列五個問題 ....□易□中☑難

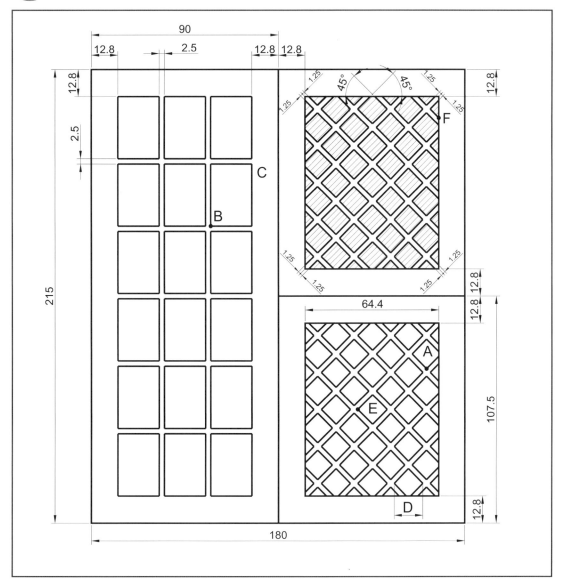

1. 交點 A 至交點 B 距離為何？

2. 斜線區域面積為何？

3. C 區域扣除內孔面積為何？

4. 尺寸 D 值為何？

5. 交點 E 至交點 F 距離為何？

答案：❶123.9767 ❷3322.5201 ❸8842.1400 ❹13.9645 ❺143.7604

609. 試繪出下圖並回答下列五個問題 ....□易□中☑難

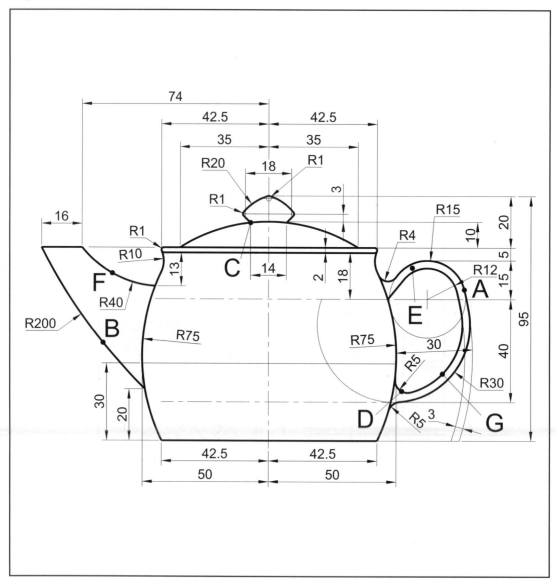

1. 交點 A 至弧 B 中心點距離為何？

2. 交點 C 至弧 D 中心點距離為何？

3. E 區域的周長為何？

4. 弧 F 至弧 G 中心點的距離為何？

5. 圖形外圍扣除把手孔面積為何？

答案：❶107.2803 ❷86.5992 ❸225.0539 ❹106.9654 ❺9002.7438

610. 試繪出下圖並回答下列五個問題 ....□易□中☑難

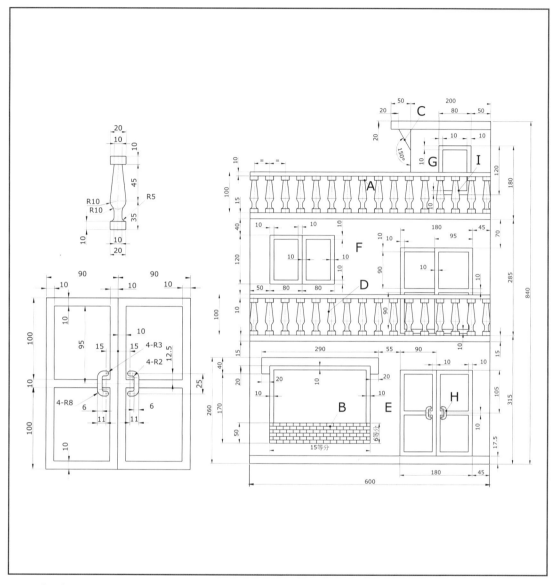

1. 交點 A 至交點 B 距離為何？

2. 中點 C 至中點 D 距離為何？

3. E、F、G 區域扣除內孔的面積為何？

4. 交點 H 至交點 I 距離為何？

5. 圖形最外圍面積為何？

答案：❶609.3848　❷461.4972　❸164500　❹543.3004　❺455581.7559

心 得 筆 記

5

測驗系統操作說明

5-1　TQC+ 認證測驗系統-Client 端程式安裝流程

步驟一：執行附書光碟，選擇「安裝 TQC+ 認證測驗系統-Client 端程式」，開
始安裝程序。（或執行光碟中的 T3 ExamClient 單機版 setup.exe 檔案）

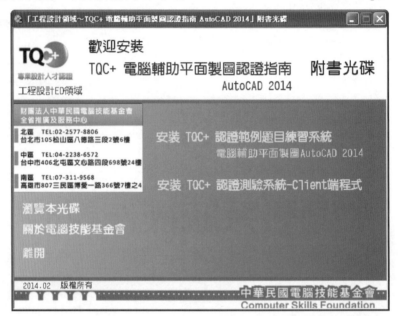

步驟二：在詳讀「授權合約」後，若您接受合約內容，請按「接受」鈕繼續
安裝。

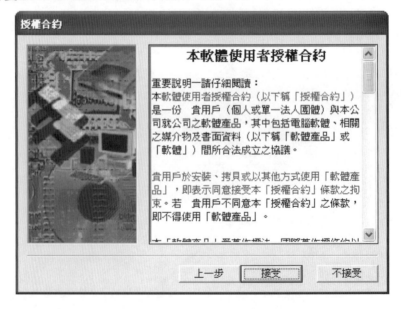

步驟三：輸入「使用者姓名」與「單位名稱」後，請按「下一步」鈕繼續安裝。

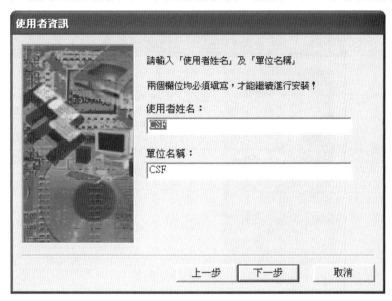

步驟四：可指定安裝磁碟路徑將系統安裝至任何一台磁碟機，惟安裝路徑必須為該磁碟機根目錄下的《ExamClient.csf》資料夾。安裝所需的磁碟空間約 69.5MB。

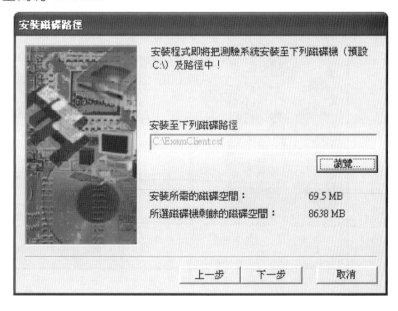

步驟五：本系統預設之「程式集捷徑」在「開始/所有程式」資料夾第一層，
　　　　名稱為「CSF 技能認證體系」。

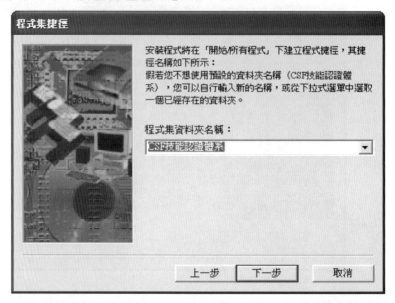

步驟六：安裝前相關設定皆完成後，請按「安裝」鈕，開始安裝。

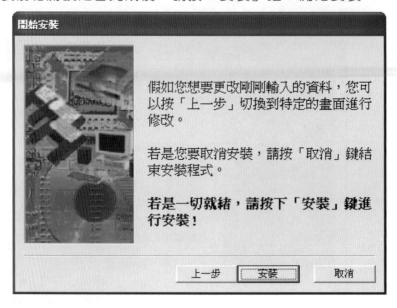

步驟七：以上的項目在安裝完成之後，安裝程式會詢問您是否要執行版本的更新檢查，請按「下一步」鈕。建議您執行本項操作，以確保「TQC+認證測驗系統-Client 端程式（電腦輔助平面製圖 AutoCAD 2014 模擬測驗）」為最新的版本。

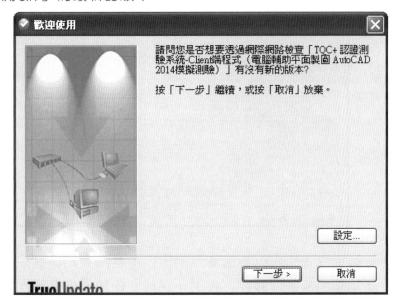

步驟八：接下來進行版本的比對，請按下「下一步」鈕。

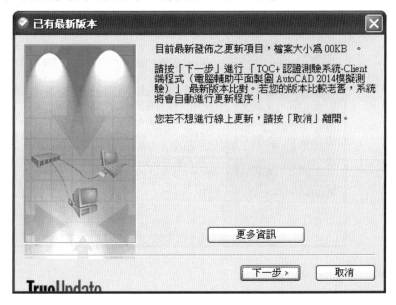

步驟九：更新完成後，請按下「關閉」鈕。

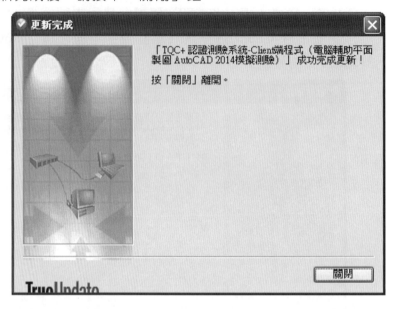

步驟十：安裝完成！您可以透過提示視窗內的客戶服務機制說明，取得關於
本項產品的各項服務。按下「完成」鈕離開安裝畫面。

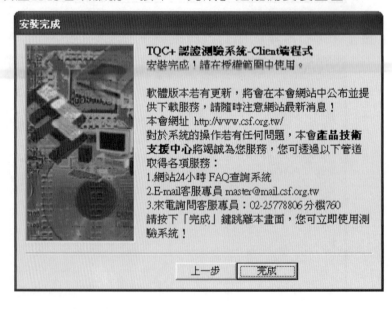

5-2　測驗操作程序範例

在測驗之前請熟讀「5-2-1 測驗注意事項」，瞭解測驗的一般規定及限制，以免失誤造成扣分。

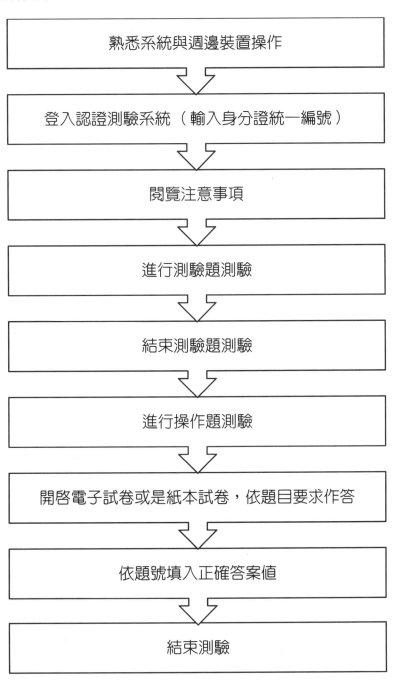

熟悉系統與週邊裝置操作

登入認證測驗系統（輸入身分證統一編號）

閱覽注意事項

進行測驗題測驗

結束測驗題測驗

進行操作題測驗

開啟電子試卷或是紙本試卷，依題目要求作答

依題號填入正確答案值

結束測驗

5-2-1 測驗注意事項

一、電腦輔助平面製圖 AutoCAD 2014 認證：

　　本認證分測驗題及操作題兩大部分，總分為 100 分。測驗題單、複選混合共 20 題，每題 1 分，共 20 分。操作題第一至六類各考一題共六大題三十小題，一～三題每大題 10 分，四～五題每大題 15 分，第六題 20 分，共 80 分，滿分 100 分。於認證時間 100 分鐘內依題目要求繪圖並求取相關圖元資訊，成績加總達 70 分（含）以上者該科合格。

二、執行「開始/所有程式/CSF 技能認證體系/TQC+ 認證測驗系統-Client 端程式」，請依指示輸入：

　　1. 試卷編號，如 AT4-0001，即輸入「AT4-0001」。

　　2. 進入測驗準備畫面，聽候監考老師口令開始測驗。

　　3. 測驗開始，測驗程式開始倒數計時，請依照題目指示作答。

　　4. 計時終了無法再作答及修改，請聽從監考人員指示。

三、聽候監考人員指示。有任何問題請舉手發問，切勿私下交談。

5-2-2 測驗操作演示

　　現在我們假設考生甲報考的是電腦輔助平面製圖 AutoCAD 2014 的認證，試卷編號為 AT4-0001。（❖ 註：本書「第六章　範例試卷」中，內含三回範例試卷可供使用者模擬實際認證之情況，登入系統時，請以本書所提供之試卷編號作為考試帳號，但實際報考進行測驗時，則會使用考生的身分證統一編號，請考生特別注意。）

步驟一：開啓電源，從硬碟 C 開機。

步驟二：進入 Windows 作業系統及週邊環境熟悉操作。

步驟三：執行「開始/所有程式/CSF 技能認證體系/TQC+ 認證系統-Client 端程式」程式項目。

步驟四：請輸入測驗試卷題號「AT4-0001」按下「登錄」鈕。

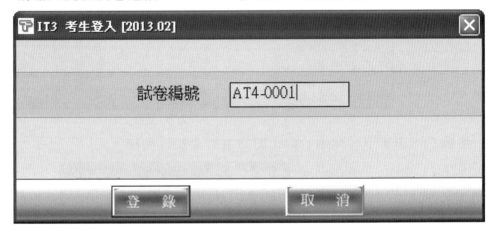

步驟五：請詳細閱讀「測驗注意事項」後，按下「開始」鍵。

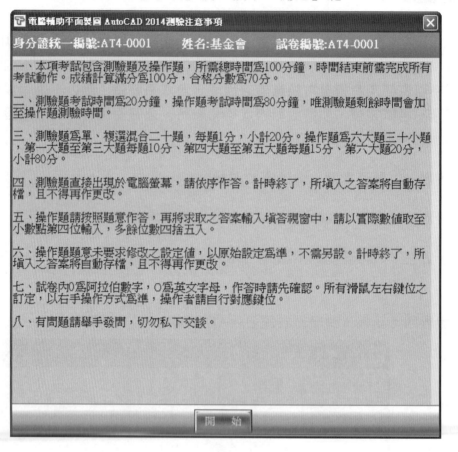

步驟六：再按下「開始」鍵，開始進行測驗題測驗。

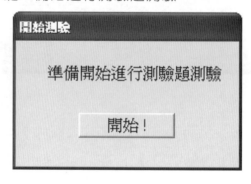

步驟七：請依照測驗題測驗系統指示逐題作答，考生可利用「下一題」及「上一題」進行作答題目之切換，視窗下緣會顯示「使用時間」及「測驗題總時間」。

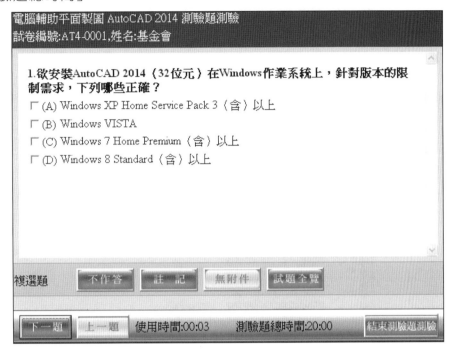

每一道題目均會提示為單選題（以選鈕表示）或複選題（以核取方塊表示）。若對某一題先前之輸入答案沒有把握，可按下「不作答」鈕清除該題原輸入之答案，或按下「註記」鈕將該題註記（如欲取消該題的註記即點選「取消註記」鈕）。

步驟八：按下「試題全覽」鈕，即出現「試題全覽」窗格，除了以不同顏色
顯示未作答、已作答及考生註記的題目之外，也可點選該題號前往
該題。

步驟九：若提早在 20 分鐘前做完測驗題題目，請確認作答無誤後，可按下測
驗系統右下角之「結束測驗題測驗」選項。此時系統會再次提醒您，確認
您是否要結束測驗題測驗，按「是」鈕，會結束測驗題測驗，並將測驗題
測驗所剩餘之時間累加至操作題測驗。

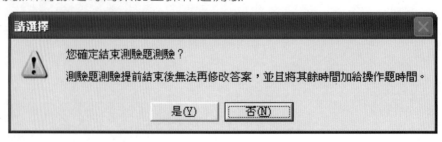

步驟十：請按下「確定」鈕，開始進行操作題測驗。

步驟十一：此時測驗程式會開啟一「操作題測驗」填答視窗，顯示本次測驗剩餘時間，並開啟試題 PDF 檔。請自行載入「AutoCAD 2014」，依照題目圖面繪製圖形，依照題目指示作答，並將答案填入填答視窗。

「查看考試說明文件」：可開啟本份試卷操作題題目的書面電子檔。

「開啟試題資料夾」：本科目不提供待編修檔，請按題意作答並將求取之答案填入作答視窗中。

「下一題」「上一題」：可以切換欲輸入答案的題號，請對照題號輸入正確的答案值。

提早作答完畢並確認作答及存檔無誤後，可按「操作題測驗」填答視窗中的「結束操作題測驗」鈕，結束測驗。

步驟十二：系統會再次提醒您是否確定要結束操作題測驗。

步驟十三：評分結果將會列示螢幕上。評分結果上半部內容包含測驗題各題作答狀況及測驗題得分。下半部內容為操作題各題填答狀況及得分。此回測驗的總分顯示於畫面最下方。

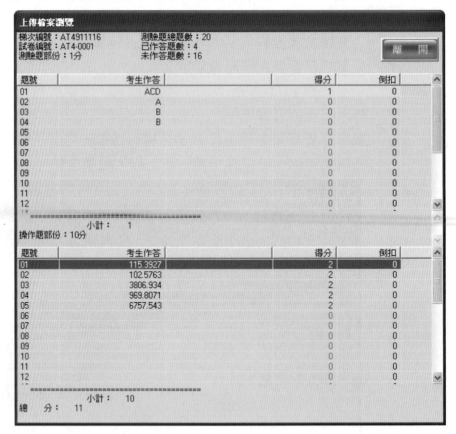

❖註：1. 本系統在進行系統更新之後，系統內容與畫面可能有所變更，此為正常情形請放心使用！

2. 此項為供使用者練習與自我評核之用，正式考試的畫面顯示會有所差異。

6

範例試卷

範例試卷編號：AT4-0001

範例試卷編號：AT4-0002

範例試卷編號：AT4-0003

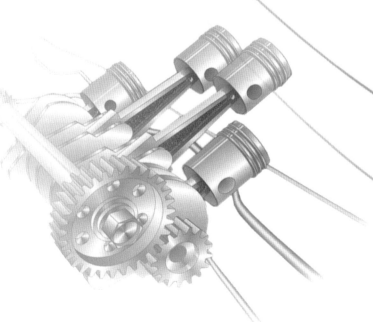

心得筆記

電腦輔助平面製圖AutoCAD 2014
範例試卷

【認證說明與注意事項】

一、本項考試包含測驗題及操作題，所需總時間為 100 分鐘，時間結束前需完成所有考試動作。成績計算滿分為 100 分，合格分數為 70 分。

二、測驗題考試時間為 20 分鐘，操作題考試時間為 80 分鐘，唯測驗題剩餘時間會加至操作題測驗時間。

三、測驗題為單、複選混合二十題，每題 1 分，小計 20 分。操作題為六大題三十小題，第一大題至第三大題每題 10 分、第四大題至第五大題每題 15 分、第六大題 20 分，小計 80 分。

四、測驗題直接出現於電腦螢幕，請依序作答。計時終了，所填入之答案將自動存檔，且不得再作更改。

五、操作題請按照題意作答，再將求取之答案輸入填答視窗中，請以實際數值取至小數點第四位輸入，多餘位數四捨五入。

六、操作題題意未要求修改之設定值，以原始設定為準，不需另設。計時終了，所填入之答案將自動存檔，且不得再作更改。

七、試卷內 0 為阿拉伯數字，O 為英文字母，作答時請先確認。所有滑鼠左右鍵位之訂定，以右手操作方式為準，操作者請自行對應鍵位。

八、有問題請舉手發問，切勿私下交談。

壹、測驗題 20%（為單、複選混合題，每題 1 分）

01. 欲安裝 AutoCAD 2014（32 位元）在 Windows 作業系統上，針對版本的限制需求，下列哪些正確？（**複選**）
    (A) Windows XP Home Service Pack 3（含）以上
    (B) Windows VISTA
    (C) Windows 7 Home Premium（含）以上
    (D) Windows 8 Standard（含）以上

02. 選集循環功能鍵開關設定，下列哪一項正確？
    (A) [Ctrl]+[R]
    (B) [Ctrl]+[S]
    (C) [Ctrl]+[T]
    (D) [Ctrl]+[W]

03. 「NEW 新圖/使用樣板」，下列哪些正確？（**複選**）
    (A) 樣板的副檔名是 DWT
    (B) 樣板的副檔名是 DWF
    (C) 內定的樣板選單路徑可由「選項/檔案/圖面樣板檔位置修改」
    (D) 內定的樣板選單路徑可由「選項/系統/圖面樣板檔位置修改」

04. 「LINE 指令/於指定下一點後」，若將正交模式打開，往 6 點鐘方向直接輸入 69.5，所得的結果與下列哪些相同？（**複選**）
    (A) @69.5<90
    (B) @69.5<-90
    (C) @0，-69.5
    (D) @69.5<270

05. 「編修指令/物件選取方式/窗選 W」的敘述，下列哪些正確？（**複選**）
    (A) 選框是實線框
    (B) 選框是虛線框
    (C) 「選取物件/直接由左而右拉框」
    (D) 「選取物件/直接由右而左拉框」

06. 新一代關聯式陣列共有下列哪些類型？（**複選**）

    (A) 矩形陣列

    (B) 環形陣列

    (C) 路徑陣列

    (D) 傘狀陣列

07. 當 ZOOM 與 PAN 到極限無法動作時，下列哪些指令或預設快捷鍵可解決？（**複選**）

    (A) REGEN

    (B) REDRAW

    (C) RE

    (D) R

08. 有關 TEXT 指令的敘述，下列哪些正確？（**複選**）

    (A) DTEXT 等於 TEXT

    (B) DTEXT 不等於 TEXT

    (C) 預設快捷鍵是 DT

    (D) 預設快捷鍵是 T

09. 公制的填充線樣式檔之檔名為下列哪一項？

    (A) ACADISO.PGP

    (B) ACAD.PGP

    (C) ACADISO.PAT

    (D) ACAD.PAT

10. 有關圖層性質管理員的敘述，下列哪些正確？（**複選**）

    (A) 預設快捷鍵是 LA

    (B) 預設快捷鍵是 LAY

    (C) 工具圖示是

    (D) 工具圖示是

11. 有關 BLOCK 建立內部圖塊，下列哪些正確？（**複選**）
    (A) 沒有用的內部圖塊可用 PURGE 清除
    (B) 沒有用的內部圖塊不會增加圖檔大小
    (C) 內部圖塊可透過 INSERT 指令插入其他圖面
    (D) 內部圖塊可透過工具選項板拖曳插入其他圖面

12. 有關標註型式管理員指令，下列敘述哪些正確？（**複選**）
    (A) 指令是 DSTYLE
    (B) 指令是 DIMSTYLE
    (C) 預設快捷鍵是 D
    (D) 預設快捷鍵是 DS

13. 在模型空間&圖紙空間作視埠分割，下列哪些不同？（**複選**）
    (A) 模型空間的視埠分割可建立具名的視埠，配置空間不行
    (B) 配置空間的視埠分割可建立具名的視埠，模型空間不行
    (C) 模型空間的視埠之間可以建立間距，配置空間不行
    (D) 配置空間的視埠之間可以建立間距，模型空間不行

14. 欲查詢&瀏覽所有的 AutoCAD 系統變數，下列哪些可完成？（**複選**）
    (A) 「F1 輔助說明/系統變數」
    (B) 「指令 SYSVAR/ALL」
    (C) 「指令 SETVAR/？/*」
    (D) 「指令 SETVAR/*/？」

15. 啟動設計中心，下列哪些正確？（**複選**）
    (A) 工具圖示是 ▦
    (B) 工具圖示是 ▣
    (C) 功能鍵開關是[Ctrl]+[2]
    (D) 功能鍵開關是[Ctrl]+[F2]

16. 有關 AutoCAD Express Tools 安裝，下列哪些正確？（**複選**）
    (A) 安裝 AutoCAD 的同時，會自動安裝 AutoCAD Express Tools
    (B) 安裝 AutoCAD 的同時，可控制是否安裝 AutoCAD Express Tools
    (C) AutoCAD Express Tools 只提供英文版本
    (D) 必須先安裝 AutoCAD 才能安裝 AutoCAD Express Tools

17. 欲在 AutoCAD 內呼叫外部應用程式（EXCEL、WORD、CALC…等）可在指令區執行下列哪一項指令？
    (A) PROGN
    (B) START
    (C) SELECT
    (D) GOTO

18. 圖紙集功能，下列哪些正確？（**複選**）
    (A) 圖紙集是數個圖檔中圖紙的有組織且具名的集合
    (B) 一張圖紙是圖檔中的一個選取的配置
    (C) 使用圖紙集管理員可以輕鬆的建立、組織與管理圖紙
    (D) 圖檔中的模型空間亦可被匯入圖紙集當成一張圖紙

19. 有關錄製巨集的指令與快捷鍵，下列哪些正確？（**複選**）
    (A) 指令是 ACTRECORD
    (B) 指令是 AETRECORD
    (C) 預設快捷鍵是 ARR
    (D) 預設快捷鍵是 ACT

20. AutoCAD 雲端線上協同作業在下列哪一項頁籤？
    (A) AutoCAD 360
    (B) AutoCAD On-Line
    (C) Autodesk 360
    (D) Autodesk On-Line

貳、操作題 80% (第一至第三題每題 10 分、第四至第五題每題 15 分、第六題 20 分)

請依照試卷指示繪圖、求取相關資料，並依題號將資料填入填答視窗中，詳細作答方式請參考注意事項五，若作答方式錯誤將會影響評分結果。

一、 試繪出下圖並回答下列五個問題（10 分，每小題 2 分）

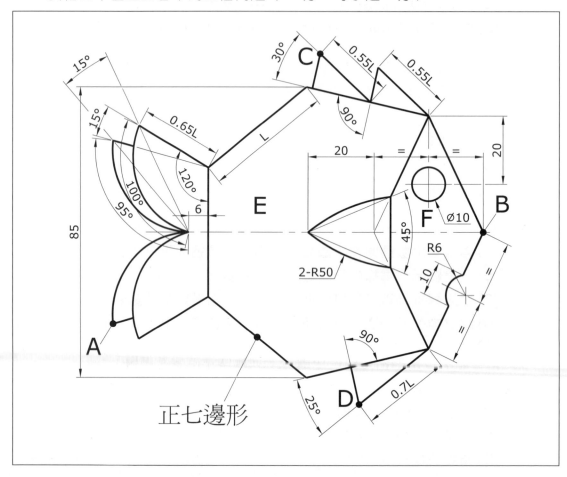

正七邊形

1. 交點 A 至交點 B 距離為何？＿＿＿＿＿＿＿＿＿＿＿＿＿＿＿＿＿＿＿＿＿＿

2. 交點 C 至交點 D 垂直距離為何？＿＿＿＿＿＿＿＿＿＿＿＿＿＿＿＿＿＿＿＿

3. E 區域面積為何？＿＿＿＿＿＿＿＿＿＿＿＿＿＿＿＿＿＿＿＿＿＿＿＿＿＿＿

4. F 區域扣除內孔面積為何？＿＿＿＿＿＿＿＿＿＿＿＿＿＿＿＿＿＿＿＿＿＿

5. 圖形最外圍面積為何？＿＿＿＿＿＿＿＿＿＿＿＿＿＿＿＿＿＿＿＿＿＿＿＿

二、試繪出下圖並回答下列五個問題（10分，每小題2分）

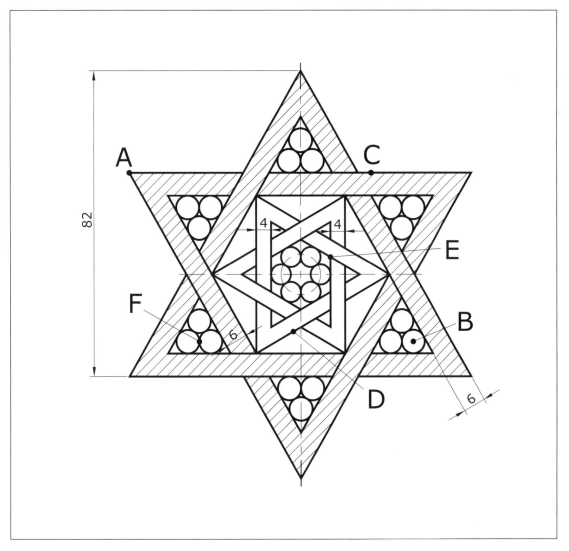

6. 交點 A 至中心點 B 距離為何？ _____

7. 中點 C 至中點 D 角度為何？ _____

8. 斜線區域面積為何？ _____

9. 交點 E 至交點 F 角度為何？ _____

10. 圖面中所有圓的總面積為何？ _____

三、 試繪出下圖並回答下列五個問題（10分，每小題2分）

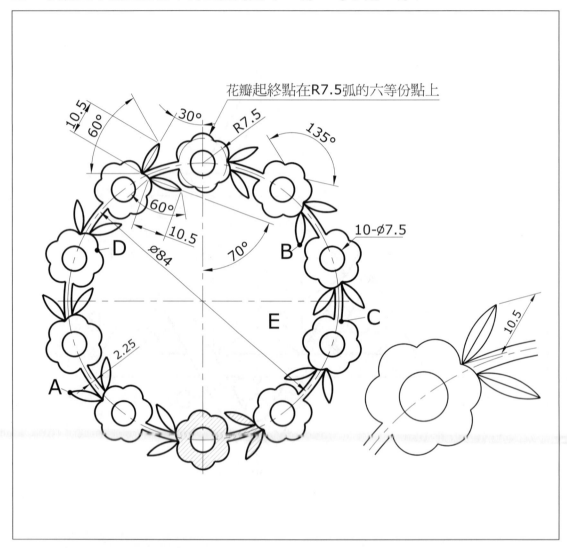

花瓣起終點在R7.5弧的六等份點上

11. 交點 A 至交點 B 距離為何？＿＿＿＿＿＿＿＿＿＿＿＿＿＿＿＿＿＿＿＿＿＿

12. 交點 C 至交點 D 角度為何？＿＿＿＿＿＿＿＿＿＿＿＿＿＿＿＿＿＿＿＿＿

13. 斜線區域面積為何？＿＿＿＿＿＿＿＿＿＿＿＿＿＿＿＿＿＿＿＿＿＿＿＿＿＿

14. 區域 E 周長為何？＿＿＿＿＿＿＿＿＿＿＿＿＿＿＿＿＿＿＿＿＿＿＿＿＿＿＿

15. 圖形最外圍面積為何？＿＿＿＿＿＿＿＿＿＿＿＿＿＿＿＿＿＿＿＿＿＿＿＿＿

四、試繪出下圖並回答下列五個問題（15分，每小題3分）

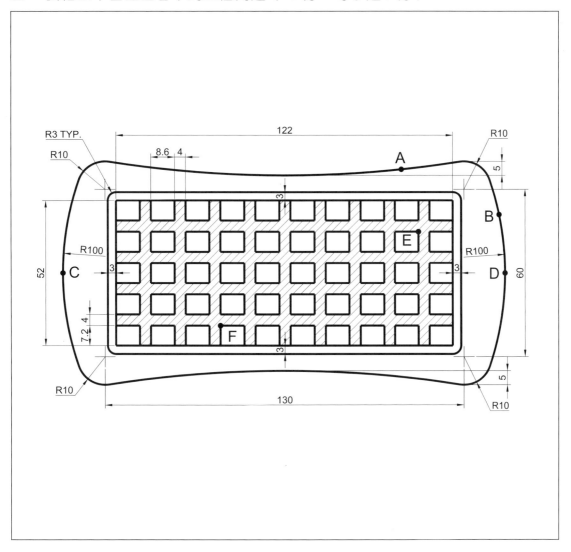

16. 弧 A 包含角度為何？ _____

17. 弧 B 長度為何？ _____

18. 中點 C 至中點 D 水平距離為何？ _____

19. 交點 E 至交點 F 距離為何？ _____

20. 斜線區域面積為何？ _____

五、試繪出下圖並回答下列五個問題（15分，每小題3分）

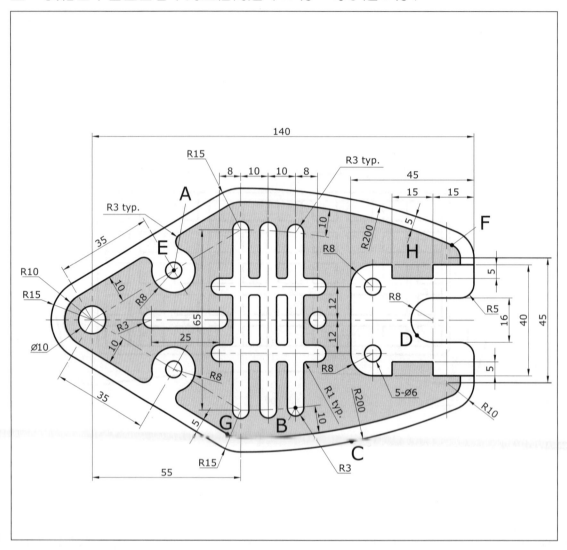

21. 中心點 A 至中心點 B 距離為何？_____

22. 弧 C 中心點與弧 D 中心點距離為何？_____

23. E 區域扣除內孔面積為何？_____

24. 端點 F 至端點 G 角度為何？_____

25. 灰底（H 區域扣除內孔）面積為何？_____

六、試繪出下圖並回答下列五個問題（20分，每小題4分）

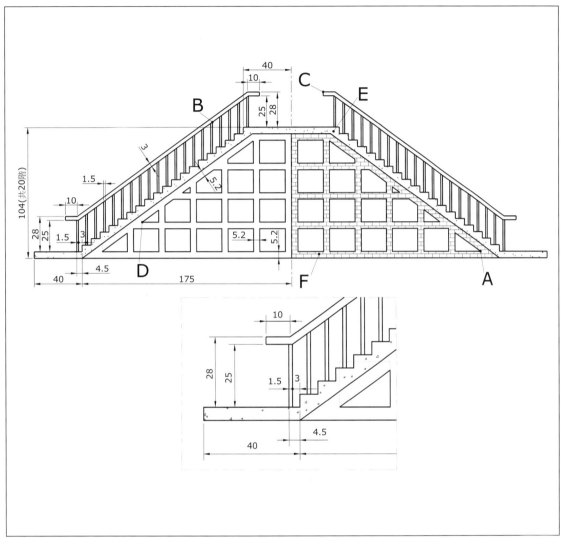

26. 交點 A 至交點 B 距離為何？ _____

27. 交點 C 至交點 D 距離為何？ _____

28. 剖面區域 E 面積為何？ _____

29. 剖面區域 F 面積為何？ _____

30. 圖形最外圍面積為何？ _____

心得筆記

中華民國電腦技能基金會
Computer Skills Foundation

電腦輔助平面製圖AutoCAD 2014
範例試卷

【認證說明與注意事項】

一、本項考試包含測驗題及操作題，所需總時間為 100 分鐘，時間結束前需完成所有考試動作。成績計算滿分為 100 分，合格分數為 70 分。

二、測驗題考試時間為 20 分鐘，操作題考試時間為 80 分鐘，唯測驗題剩餘時間會加至操作題測驗時間。

三、測驗題為單、複選混合二十題，每題 1 分，小計 20 分。操作題為六大題三十小題，第一大題至第三大題每題 10 分、第四大題至第五大題每題 15 分、第六大題 20 分，小計 80 分。

四、測驗題直接出現於電腦螢幕，請依序作答。計時終了，所填入之答案將自動存檔，且不得再作更改。

五、操作題請按照題意作答，再將求取之答案輸入填答視窗中，請以實際數值取至小數點第四位輸入，多餘位數四捨五入。

六、操作題題意未要求修改之設定值，以原始設定為準，不需另設。計時終了，所填入之答案將自動存檔，且不得再作更改。

七、試卷內 0 為阿拉伯數字，O 為英文字母，作答時請先確認。所有滑鼠左右鍵位之訂定，以右手操作方式為準，操作者請自行對應鍵位。

八、有問題請舉手發問，切勿私下交談。

壹、測驗題 20% （為單、複選混合題，每題 1 分）

01. AutoCAD 2014 安裝後內含的 2D 工作區設定，包含下列哪些？（**複選**）
    (A) 繪圖與註記
    (B) 製圖與註解
    (C) AutoCAD 典型
    (D) AutoCAD 傳統

02. 選集循環的清單可控制顯示在下列哪些方位？（**複選**）
    (A) 左上、左下
    (B) 右上、右下
    (C) 上、下
    (D) 左、右

03. NEW 新圖後，預設的圖檔名為 drawing1.dwg，此時按下[Ctrl]+[S]，下
    列哪一項正確？
    (A) 直接快速儲存成 drawing1.dwg
    (B) 出現另存新檔對話框要求儲存
    (C) 出現錯誤訊息
    (D) 自動關閉該圖檔

04. 「LINE 指令/於指定下一點後」，若將正交模式打開，往 3 點鐘方向直接
    輸入下列哪些數值不會被接受？（**複選**）
    (A) 123+45
    (B) 123-45
    (C) 123*45
    (D) 123/45

05. 「編修指令/物件選取方式/框選 C」的敘述，下列哪些正確？（**複選**）
    (A) 選框是實線框
    (B) 選框是虛線框
    (C) 「選取物件/直接由左而右拉框」
    (D) 「選取物件/直接由右而左拉框」

06. 關聯式陣列的矩形陣列功能敘述，下列哪些正確？（**複選**）
    (A) 指令是 ARRAYRECT
    (B) 指令是 ARRAYRECTANG
    (C) 可設定項目的 3D 層數與層距
    (D) 無法設定項目的 3D 層數與層距

07. ZOOM 顯示控制指令，縮放至物件的副選項目為下列哪一項？
    (A) B
    (B) T
    (C) J
    (D) O

08. TEXT 書寫文字時，下列哪些選項可以將文字控制於二點之間？（**複選**）
    (A) M
    (B) A
    (C) R
    (D) F

09. 欲叫出 HATCH 填充線與漸層對話框，下列哪些正確？（**複選**）
    (A) 「HATCH/S」
    (B) 「HATCH/T」
    (C) 「填充線頁籤/選項功能區面板/面板對話框啟動器」
    (D) 「填充線頁籤/性質功能區面板/面板對話框啟動器」

10. 有關圖層性質管理員的錨定位置，下列哪些正確？（**複選**）
    (A) 可錨定左側
    (B) 可錨定右側
    (C) 可錨定上方
    (D) 可錨定下方

11. 圖塊建立時，選取後的物件有下列哪些處理方式？（**複選**）
    (A) 保留
    (B) 隱藏
    (C) 轉換為圖塊
    (D) 刪除

12. 標註型式管理員中若由 ISO-25 執行新建標註型式，下列敘述哪些正確？
    （**複選**）
    (A) 若選擇用於「所有標註」，則型式名稱可以自訂
    (B) 若選擇非用於「所有標註」，則型式名稱無法自訂
    (C) 若選擇用於「所有標註」，則表示為 ISO-25 的子型式
    (D) 若選擇非用於「所有標註」，則表示為 ISO-25 的子型式

13. 在模型空間繪製主體圖形，下列哪一項錯誤？
    (A) 可用 mm 公釐為繪圖單位，1:1 依實際尺寸繪製
    (B) 可用 cm 公分為繪圖單位，1:1 依實際尺寸繪製
    (C) 可用 m 公尺為繪圖單位，1:1 依實際尺寸繪製
    (D) 必須依照所需的比例尺先將尺寸換算後再行繪製到圖面中

14. 欲查詢&瀏覽所有與尺寸標註有關系統變數，下列哪一項可完成？
    (A) 「SETVAR/DIM*」
    (B) 「SETVAR/DIM？」
    (C) 「SETVAR/？/DIM*」
    (D) 「SETVAR/*/DIM*」

15. 以設計中心展開某一圖檔後，可展開的具名物件共有幾項？
    (A) 9 項
    (B) 10 項
    (C) 11 項
    (D) 12 項

16. 在 AutoCAD 環境中，欲釋放 AutoCAD Express Tools，下列哪些正確？
（複選）
(A) CUILOAD
(B) MENULOAD
(C) DELEXPRESS
(D) UNEXPRESS

17. AutoCAD 快捷鍵的定義檔案為下列哪一項？
(A) ACAD.PAT
(B) ACAD.PGP
(C) ACADISO.PAT
(D) CADISO.PGP

18. 圖紙集管理，對專案有何幫助，下列哪些正確？（複選）
(A) 可以將整個專案所需圖檔&圖面集中管理
(B) 可以將整個專案發佈至繪圖機
(C) 可以將整個專案發佈成*.DWF、*.DWFx、*.PDF 檔
(D) 可以將整個專案相關檔案封存&電子傳送

19. 有關停止巨集的指令與快捷鍵，下列哪些正確？（複選）
(A) 指令是 AETSTOP
(B) 指令是 ACTSTOP
(C) 預設快捷鍵是 ARS
(D) 預設快捷鍵是 ACS

20. 有關 AutoCAD 360 的特性描述，下列哪些正確？（複選）
(A) 可在網路上共用、編輯和管理 AutoCAD 圖面
(B) 本端圖面變更時，儲存在 Autodesk 360 伺服器上的複本將會同步
(C) 可透過有網頁瀏覽器的電腦或手機，存取和編輯線上複本
(D) 多位使用者可即時進行協同合作，以同時檢視和編輯圖面

貳、操作題 80% （第一至第三題每題 10 分、第四至第五題每題 15 分、第六題 20 分）

請依照試卷指示繪圖、求取相關資料，並依題號將資料填入填答視窗中，詳細作答方式請參考注意事項五，若作答方式錯誤將會影響評分結果。

一、 試繪出下圖並回答下列五個問題（10 分，每小題 2 分）

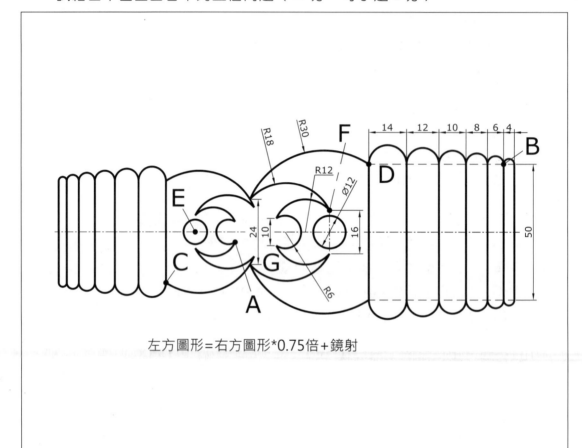

左方圖形＝右方圖形*0.75倍＋鏡射

1. 交點 A 至交點 B 距離為何？ _____

2. 交點 C 至交點 D 距離為何？ _____

3. 中心點 E 至交點 F 水平距離為何？ _____

4. G 區域周長為何？ _____

5. 圖形最外圍面積為何？ _____

二、繪出下圖並回答下列五個問題（10分，每小題2分）

註：虛線部分為正八邊形

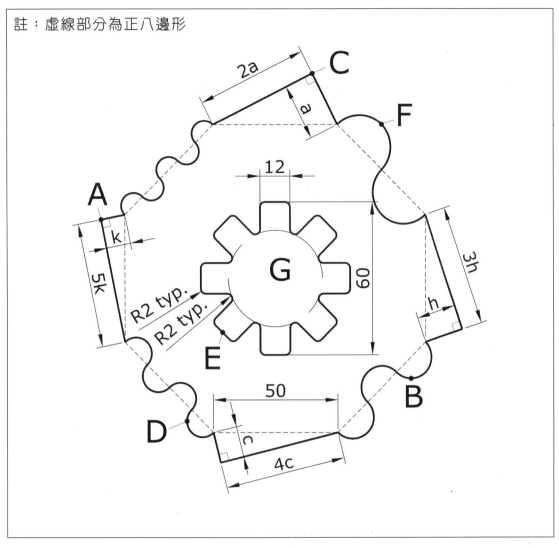

6. 交點 A 至四分點 B 距離為何？_____

7. 交點 C 至四分點 D 距離為何？_____

8. 中點 E 至中點 F 距離為何？_____

9. 區域 G 周長為何？_____

10. 圖形最外圍扣除內孔面積為何？_____

三、 試繪出下圖並回答下列五個問題（10 分，每小題 2 分）

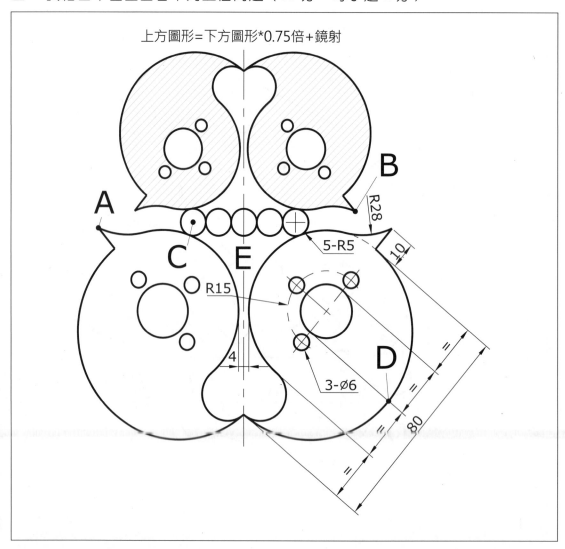

11. 交點 A 至交點 B 距離為何？ _____

12. 中心點 C 至中點 D 角度為何？ _____

13. 區域 E 周長為何？ _____

14. 斜線區域面積為何？ _____

15. 圖形最外圍面積為何？ _____

四、試繪出下圖並回答下列五個問題（15分，每小題3分）

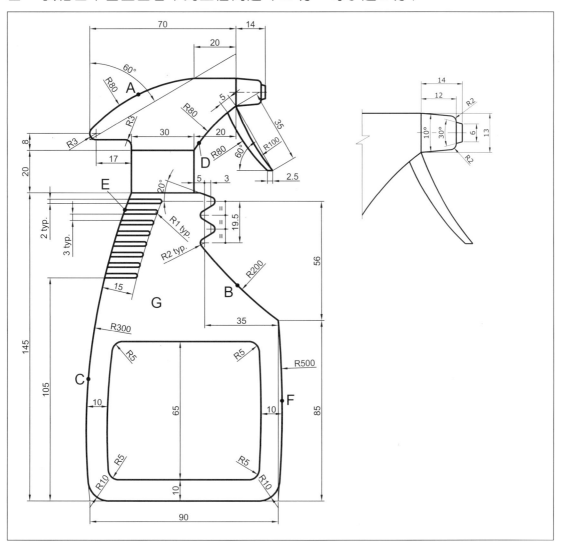

16. 中點 A 至中點 B 距離為何？ ＿＿＿＿＿＿＿＿＿＿＿＿＿＿＿＿＿＿＿＿＿＿＿

17. 弧 C 與弧 D 中心點距離為何？ ＿＿＿＿＿＿＿＿＿＿＿＿＿＿＿＿＿＿＿＿＿

18. 交點 E 至弧 F 中心點距離為何？ ＿＿＿＿＿＿＿＿＿＿＿＿＿＿＿＿＿＿＿＿

19. G 區域扣除內孔面積為何？ ＿＿＿＿＿＿＿＿＿＿＿＿＿＿＿＿＿＿＿＿＿＿

20. 圖形最外圍面積為何？ ＿＿＿＿＿＿＿＿＿＿＿＿＿＿＿＿＿＿＿＿＿＿＿＿＿

五、 試繪出下圖並回答下列五個問題（15分，每小題3分）

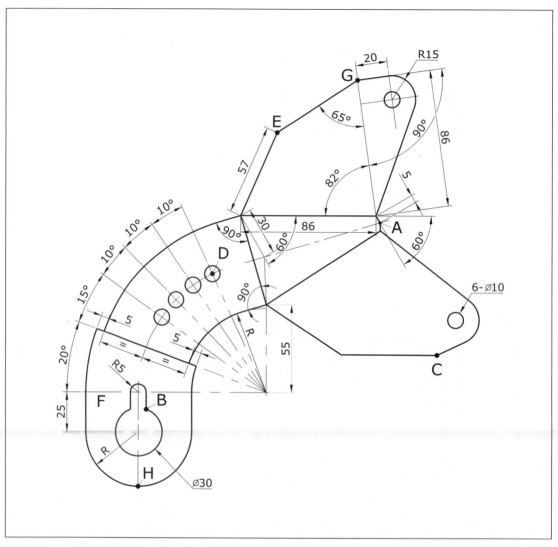

21. 交點 A 至交點 B 距離為何？＿＿＿＿＿＿＿＿＿＿＿＿＿＿＿＿＿＿＿＿＿＿＿

22. ∠CDE 角度為何？＿＿＿＿＿＿＿＿＿＿＿＿＿＿＿＿＿＿＿＿＿＿＿＿＿＿＿＿＿

23. 區域 F 扣除內孔面積為何？＿＿＿＿＿＿＿＿＿＿＿＿＿＿＿＿＿＿＿＿＿＿＿＿

24. 四分點 H 至交點 G 高度為何？＿＿＿＿＿＿＿＿＿＿＿＿＿＿＿＿＿＿＿＿＿＿

25. 圖形最外圍扣除內孔面積為何？＿＿＿＿＿＿＿＿＿＿＿＿＿＿＿＿＿＿＿＿＿＿

六、試繪出下圖並回答下列五個問題（20分，每小題4分）

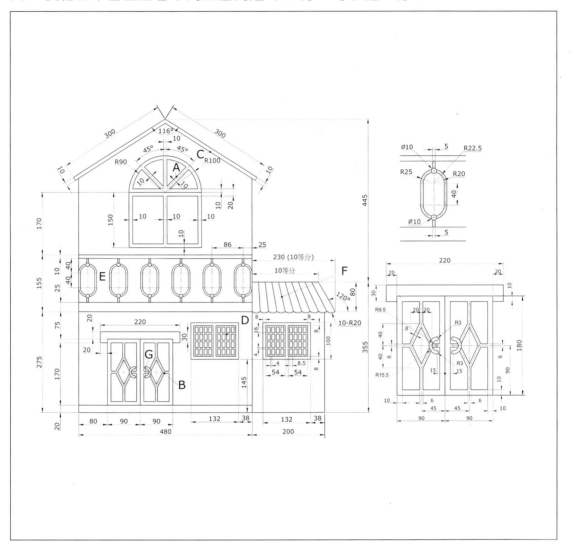

26. 中點 A 至交點 B 距離為何？ _____

27. 中點 C 至交點 D 距離為何？ _____

28. E 區域面積為何？ _____

29. 中點 F 至中心點 G 距離為何？ _____

30. 圖形所圍成的面積為何？ _____

心得筆記

中華民國電腦技能基金會
Computer Skills Foundation

電腦輔助平面製圖AutoCAD 2014
範例試卷

【認證說明與注意事項】

一、 本項考試包含測驗題及操作題，所需總時間為 100 分鐘，時間結束前需完成所有考試動作。成績計算滿分為 100 分，合格分數為 70 分。

二、 測驗題考試時間為 20 分鐘，操作題考試時間為 80 分鐘，唯測驗題剩餘時間會加至操作題測驗時間。

三、 測驗題為單、複選混合二十題，每題 1 分，小計 20 分。操作題為六大題三十小題，第一大題至第三大題每題 10 分、第四大題至第五大題每題 15 分、第六大題 20 分，小計 80 分。

四、 測驗題直接出現於電腦螢幕，請依序作答。計時終了，所填入之答案將自動存檔，且不得再作更改。

五、 操作題請按照題意作答，再將求取之答案輸入填答視窗中，請以實際數值取至小數點第四位輸入，多餘位數四捨五入。

六、 操作題題意未要求修改之設定值，以原始設定為準，不需另設。計時終了，所填入之答案將自動存檔，且不得再作更改。

七、 試卷內 0 為阿拉伯數字，O 為英文字母，作答時請先確認。所有滑鼠左右鍵位之訂定，以右手操作方式為準，操作者請自行對應鍵位。

八、 有問題請舉手發問，切勿私下交談。

壹、測驗題 20%（為單、複選混合題，每題 1 分）

01. 未取得 AutoCAD 2014 授權碼之前，有幾天的緩衝時間可以暫時執行，
    下列哪一項正確？
    (A) 7 天
    (B) 10 天
    (C) 20 天
    (D) 30 天

02. 執行 QUIT 指令離開 AutoCAD 的快速鍵為下列哪一項？
    (A) [Ctrl]+[Q]
    (B) [Ctrl]+[U]
    (C) [Ctrl]+[X]
    (D) [Ctrl]+[S]

03. 當 STARTUP=1 時，「NEW 新圖/從頭開始/公制」，若以 mm 為繪圖單位，
    下列哪一項正確？
    (A) 內定圖面範圍為 A1
    (B) 內定圖面範圍為 A2
    (C) 內定圖面範圍為 A3
    (D) 內定圖面範圍為 A4

04. XLINE 的副選項中，下列哪一項可用來繪製角平分線？
    (A) A
    (B) B
    (C) O
    (D) V

05. 「編修指令/物件選取方式/移除選集」，下列哪一項動作正確？
    (A) [Ctrl] +選取物件
    (B) [Shift] +選取物件
    (C) [Ctrl]+[Shift]+選取物件
    (D) [Ctrl]+[Alt]+選取物件

06. 關聯式陣列的環形陣列功能敘述，下列哪些正確？（**複選**）
   (A) 指令是 ARRAYPALOR
   (B) 指令是 ARRAYPOLAR
   (C) 副選項 RO 可設定項目是否旋轉項目
   (D) 副選項 ROT 可設定項目是否旋轉項目

07. 可控制 ZOOM/PAN 的平滑視圖轉移特效系統變數是下列哪一項？
   (A) VTDISPLAY
   (B) VTENABLE
   (C) ZOOMPANMODE
   (D) SMOOTHMODE

08. TEXT 書寫文字時，下列哪些選項可以將文字置中對齊？（**複選**）
   (A) M
   (B) A
   (C) F
   (D) MC

09. HATCH 填充線建立的類型中，下列哪一項可以控制間距？
   (A) 預先定義
   (B) 使用者定義
   (C) 實體
   (D) 漸層

10. 有關圖層性質管理員的圖層設定功能，下列哪些正確？（**複選**）
   (A) 可設定圖層是否出圖
   (B) 可設定圖層的顏色與線型
   (C) 可設定圖層的敘述
   (D) 可設定圖層的透明度

11. 有關 0 層物件建立圖塊時的顏色影響，下列哪些正確？（**複選**）
   (A) 建立時若物件顏色為 bylayer，則 INSERT 後顏色=所屬圖層顏色
   (B) 建立時若物件顏色為 byblock，則 INSERT 後顏色=CECOLOR 設定
   (C) 建立時若物件顏色為 bylayer，則可單獨變更圖塊顏色
   (D) 建立時若物件顏色為 byblock，則可單獨變更圖塊顏色

12. 標註型式的設定項目「符號與箭頭」，下列敘述哪些正確？（**複選**）
   (A) 可控制選擇中心標記
   (B) 可控制延伸線長度是否固定
   (C) 可控制標註切斷的切斷大小
   (D) 可控制弧長符號的位置

13. 在公制的繪圖中，有關圖框的正確處理，下列哪一項較佳？
   (A) 應該用 mm 公釐為圖框繪製單位建立圖塊，依比例尺調整大小插入
       於模型空間
   (B) 應該用 mm 公釐為圖框繪製單位建立圖塊，1:1 插入於圖紙空間
   (C) 應該用 cm 公分為圖框繪製單位建立圖塊，依比例尺調整大小插入於
       模型空間
   (D) 應該用 cm 公分為圖框繪製單位建立圖塊，1:1 插入於圖紙空間

14. 控制傳統的下拉功能表展示或隱藏的系統變數名稱為下列哪一項？
   (A) DISPLAYBAR
   (B) POPUPBAR
   (C) TOOLBAR
   (D) MENUBAR

15. 以設計中心展開某一圖檔後，有下列哪些具名物件？（**複選**）
   (A) 文字型式、表格型式、標註型式
   (B) 配置、外部參考
   (C) 線型、多重引線型式
   (D) 圖層、圖塊

16. 釋放後的 AutoCAD Express Tools 欲重新載入，下列哪些正確？（**複選**）
    (A) CUILOAD
    (B) MENULOAD
    (C) EXPRESSADD
    (D) EXPRESSTOOLS

17. 欲編輯 AutoCAD 快捷鍵檔，可從下列哪一項執行？
    (A)「常用頁籤/自訂功能區面板/編輯別名」
    (B)「檢視頁籤/自訂功能區面板/編輯別名」
    (C)「註解頁籤/自訂功能區面板/編輯別名」
    (D)「管理頁籤/自訂功能區面板/編輯別名」

18. 圖紙集管理員，預設快捷鍵&加速鍵為下列哪些？（**複選**）
    (A) 加速鍵[Ctrl]+[3]
    (B) 加速鍵[Ctrl]+[4]
    (C) 預設快捷鍵 SSM
    (D) 預設快捷鍵 SST

19. 功能區面板「動作錄製器」在下列哪一項頁籤內？
    (A) 常用
    (B) 管理
    (C) 插入
    (D) 輸出

20. 利用電腦或手機進行 Autodesk 360 雲端線上協同作業，下列哪一項正確？
    (A) 必須安裝 AutoCAD 與 DWG 檢視器
    (B) 只需安裝 AutoCAD
    (C) 只需安裝 DWG 檢視器
    (D) 完全不需安裝 AutoCAD 與 DWG 檢視器

貳、操作題 80% (第一至第三題每題 10 分、第四至第五題每題 15 分、第六題 20 分)

請依照試卷指示繪圖、求取相關資料，並依題號將資料填入填答視窗中，詳細作答方式請參考注意事項五，若作答方式錯誤將會影響評分結果。

一、試繪出下圖並回答下列五個問題（10 分，每小題 2 分）

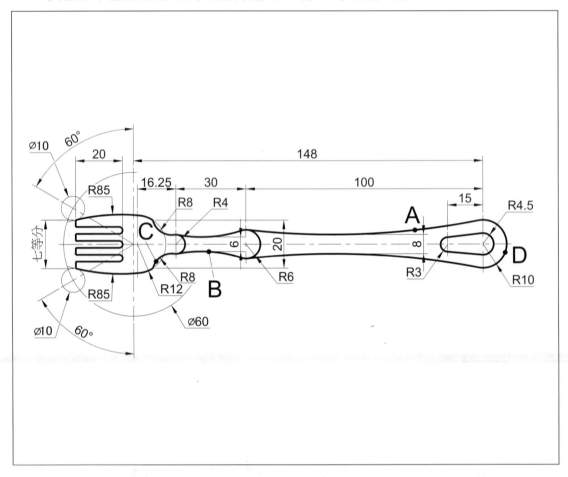

1. 弧 A 的直徑為何？ _____

2. 弧 A 中心點至弧 B 中心點距離為何？ _____

3. 弧 C 中心點與弧 D 中心點距離為何？ _____

4. 圖形水平總長度為何？ _____

5. 圖形最外圍扣除內孔面積為何？ _____

二、試繪出下圖並回答下列五個問題（10分，每小題2分）

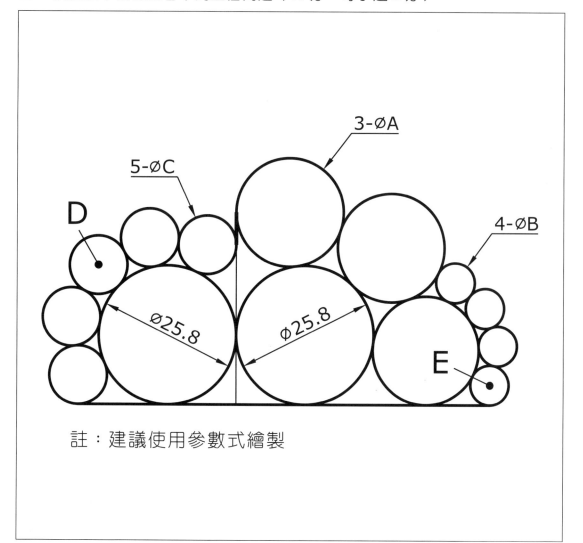

註：建議使用參數式繪製

6. 直徑 A 其值為何？＿＿＿＿＿＿＿＿＿＿＿＿＿＿＿＿＿＿＿＿＿＿＿

7. 直徑 B 其值為何？＿＿＿＿＿＿＿＿＿＿＿＿＿＿＿＿＿＿＿＿＿＿＿

8. 直徑 C 其值為何？＿＿＿＿＿＿＿＿＿＿＿＿＿＿＿＿＿＿＿＿＿＿＿

9. 中心點 D 至中心點 E 距離為何？＿＿＿＿＿＿＿＿＿＿＿＿＿＿＿＿＿

10. 圖形最大外圍的面積為何？＿＿＿＿＿＿＿＿＿＿＿＿＿＿＿＿＿＿＿

三、 試繪出下圖並回答下列五個問題（10 分，每小題 2 分）

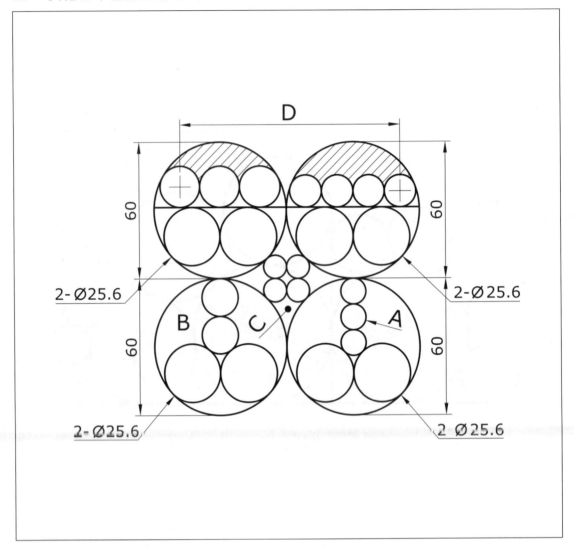

11. 圓 A 直徑值為何？_____

12. 區域 B 周長為何？_____

13. 區域 C 面積為何？_____

14. 水平距離 D 值為何？_____

15. 斜線區域面積為何？_____

四、 試繪出下圖並回答下列五個問題（15 分，每小題 3 分）

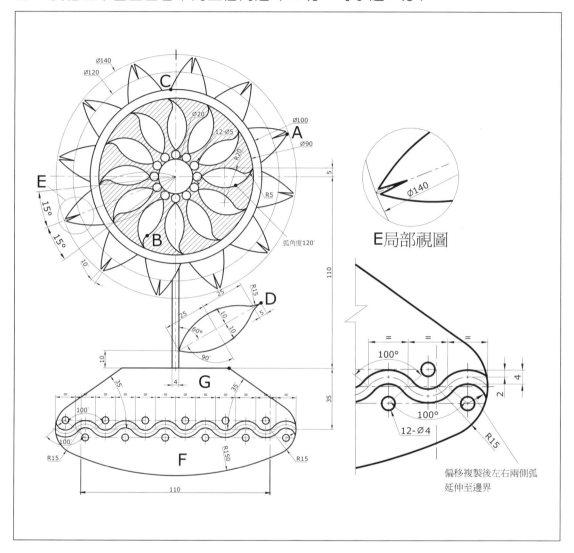

16. 交點 A 至端點 B 角度為何？ _____

17. 交點 C 至端點 D 距離為何？ _____

18. F 與 G 區域扣除內孔面積為何？ _____

19. 斜線區域面積為何？ _____

20. 圖形最外圍面積為何？ _____

五、 試繪出下圖並回答下列五個問題（15分，每小題3分）

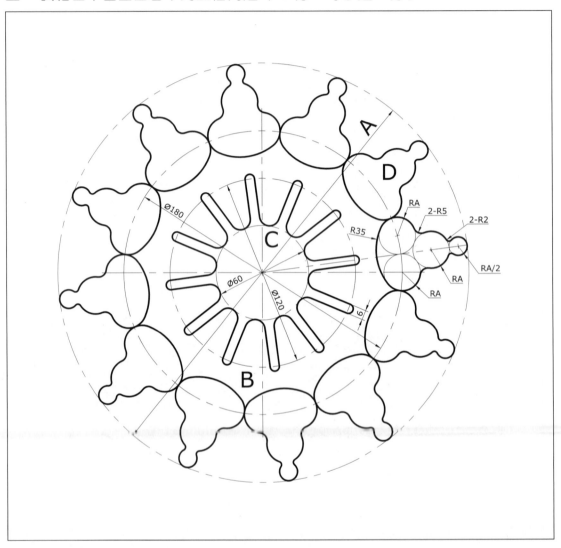

21. 圖形最大直徑 A 值為何？＿＿＿＿＿＿＿＿＿＿＿＿＿＿＿＿＿＿

22. B 區域扣除內孔面積為何？＿＿＿＿＿＿＿＿＿＿＿＿＿＿＿＿＿

23. C 區域周長為何？＿＿＿＿＿＿＿＿＿＿＿＿＿＿＿＿＿＿＿＿＿

24. D 區域周長為何？＿＿＿＿＿＿＿＿＿＿＿＿＿＿＿＿＿＿＿＿＿

25. 圖形所圍成最外圍面積為何？＿＿＿＿＿＿＿＿＿＿＿＿＿＿＿

六、 試繪出下圖並回答下列五個問題（20分，每小題4分）

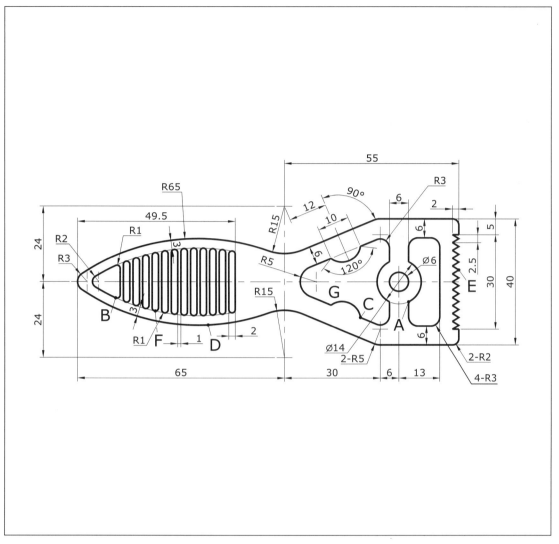

26. 交點 A 至端點 B 距離為何？ _____

27. 交點 C 至弧 D 中心點距離為何？ _____

28. G 區域面積為何？ _____

29. 交點 E 至四分點 F 距離為何？ _____

30. 圖形扣除內孔面積為何？ _____

心得筆記

範例試卷標準答案

範例試卷編號：AT4-0001

一、測驗題答案

01.	02.	03.	04.	05.
ACD	D	AC	BCD	AC
06.	07.	08.	09.	10.
ABC	AC	AC	C	AC
11.	12.	13.	14.	15.
AD	BC	AD	AC	AC
16.	17.	18.	19.	20.
BCD	B	ABC	AC	C

二、操作題答案

01.	02.	03.	04.	05.
115.3927	102.5763	3806.934	969.8071	6757.543
06.	07.	08.	09.	10.
90.8527	243.5533	2785.1377	212.1586	738.6083
11.	12.	13.	14.	15.
84.1676	164.0943	244.2465	561.7675	7030.1534
16.	17.	18.	19.	20.
17.5948	67.9674	160.2944	79.0918	3248
21.	22.	23.	24.	25.
66.6824	167.3809	2160.8513	219.7446	5316.6264
26.	27.	28.	29.	30.
246.4314	183.0608	2977	4871.0044	31690.2022

範例試卷編號：AT4-0002

一、測驗題答案

01.	02.	03.	04.	05.
BC	AB	B	ABC	BD
06.	07.	08.	09.	10.
AC	D	BD	BC	AB
11.	12.	13.	14.	15.
ACD	ABD	D	C	D
16.	17.	18.	19.	20.
AB	B	ABCD	BC	ABCD

二、操作題答案

01.	02.	03.	04.	05.
103.8161	87.3022	50.1079	258.2623	8484.5863
06.	07.	08.	09.	10.
139.1594	145.4053	103.6121	290.9453	11418.3954
11.	12.	13.	14.	15.
100.9967	319.0833	254.9915	3836.4734	14236.0928
16.	17.	18.	19.	20.
101.5168	201.7252	435.472	6084.9363	13512.1579
21.	22.	23.	24.	25.
189.6912	84.592	4645.7368	255.2678	25138.207
26.	27.	28.	29.	30.
537.3259	499.3576	6196.2817	423.9819	419907.1598

範例試卷編號：AT4-0003

一、測驗題答案

01.	02.	03.	04.	05.
D	A	C	B	B
06.	**07.**	**08.**	**09.**	**10.**
BD	B	AD	B	ABCD
11.	**12.**	**13.**	**14.**	**15.**
ABD	ACD	B	D	ABCD
16.	**17.**	**18.**	**19.**	**20.**
ABD	D	BC	B	D

二、操作題答案

01.	02.	03.	04.	05.
657.3385	395.7514	132.368	182.843	2043.4146
06.	**07.**	**08.**	**09.**	**10.**
20.1648	7.4096	10.8776	77.056	2981.8262
11.	**12.**	**13.**	**14.**	**15.**
11.2848	153.3837	104.2242	99.458	1010.0215
16.	**17.**	**18.**	**19.**	**20.**
215.7375	133.2786	5956.597	3228.3231	18373.4262
21.	**22.**	**23.**	**24.**	**25.**
266.1435	13621.8213	910.5599	174.4251	37908.0931
26.	**27.**	**28.**	**29.**	**30.**
91.9239	80.7035	427.3399	96.3813	2004.9858

心得筆記

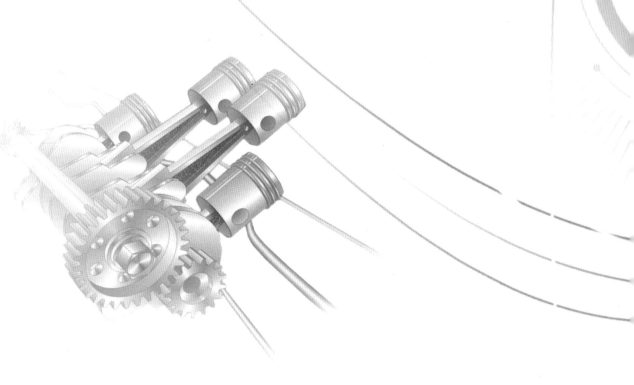

附　　　錄

心得筆記

TQC+ 專業設計人才認證是針對職場專業領域職務
需求所開發之證照考試。應考人請於報名前詳閱簡章
各項說明內容,並遵守所列之各項規範,如有任何疑
問,請洽各區推廣中心詢問。簡章內容如有修正部
分,將於網站首頁明顯處公告,不另行個別通知。

壹、 報名及認證方式

一、 本年度報名與認證日期

各場次認證日三週前截止報名，詳細認證日期請至 TQC+ 認證網站查詢（http://www.tqcplus.org.tw），或洽各考場承辦人員。

二、 認證報名

1. 報名方式分為「個人線上報名」及「團體報名」二種。

   (1) 個人線上報名

   A. 登錄資料

      a. 請連線至 TQC+ 認證網，網址為
         http://www.TQCPLUS.org.tw

      b. 選擇網頁上「考生服務」選項，開始進行線上報名。如尚未完成註冊者，請選擇『註冊帳號』選項，填入個人資料。如已完成註冊者，直接選擇『登入系統』，並以身分證字號及密碼登入。

      c. 依網頁說明填寫詳細報名資料。姓名如有罕用字無法輸入者，請按 CMEX 圖示下載 Big5-E 字集。並於設定個人密碼後送出。

      d. 應考人完成註冊手續後，請重新登入即可繼續報名。

   B. 執行線上報名

      a. 登入後請查詢最新認證資訊。

      b. 選擇欲報考之科目。

   C. 選擇繳款方式

      系統顯示乙組銀行虛擬帳號，同時並顯示應繳金額，請列印該畫面資料，並依下列任何一種方式一次繳交認證費用。

      a. 持各金融機構之金融卡至各金融機構 ATM（金融提款機）轉帳。

      b. 至各金融機構臨櫃繳款。

      c. 電話銀行語音轉帳。

d. 網路銀行繳款

　　繳費時可能需支付手續費，費用依照各銀行標準收取，不包含於報名費中。應考人依上述任一方式繳款後，系統查核後將發送電子郵件確認報名及繳費手續完成，應考人收取電子郵件確認資料無誤後，即完成報名手續。

D. 列印資料

　　上述流程中，應考人如於各項流程中，未收到電子郵件時，皆可自行上網至原報名網址以個人帳號密碼登入系統查詢列印，匯款及各項相關資料請自行保存，以利未來報名查詢。

(2) 團體報名

　　20 人以上得團體報名，請洽各區推廣中心，有專人提供服務。

2. 各科目報名費用，請參閱 TQC+ 認證網站。

3. 各項科目凡完成報名程序後，除因本身之傷殘、自身及一等親以內之婚喪、重病或天災等不可抗力因素，造成無法於報名日期應考時，得依相關憑證辦理延期手續（以一次為限且不予退費），請報名應考人確認認證考試時間及考場後再行報名，其他相關規定請參閱「四、注意事項」。

4. 凡領有身心障礙證明報考 TQC+ 各項測驗者，每人每年得申請全額補助報名費四次，科目不限，同時報名二科即算二次，餘此類推，報名卻未到考者，仍計為已申請補助。符合補助資格者，應於報名時填寫「身心障礙者報考 TQC+ 認證報名費補助申請表」後，黏貼相關證明文件影本郵寄至本會各區推廣中心申請補助。

三、 認證方式

1. 本項認證採電腦化認證，應考人須依題目要求，以滑鼠及鍵盤操作填答應試。

2. 試題文字以中文呈現，專有名詞視需要加註英文原文。

3. 題目類型

(1) 測驗題型：

　　A. 區分單選題及複選題，作答時以滑鼠左鍵點選。學科認證結束前均可改變選項或不作答。

　　B. 該題有附圖者可點選查看。

(2) 操作題型：

    A. 請依照試題指示，使用各報名科目特定軟體進行操作或填答。

    B. 考場提供 Microsoft Windows 內建輸入法供應考人使用。若應考人需使用其他輸入法，請於報名時註明，並於認證當日自行攜帶合法版權之輸入法軟體應考。但如與系統不相容，致影響認證時，責任由應考人自負。

四、 注意事項

1. 本認證之各項試場規則，參照考試院公布之『國家考試試場規則』辦理。

2. 於填寫報名表之個人資料時，請務必於傳送前再次確認檢查，如有輸入錯誤部分，得於報名截止日前進行修正。報名截止後若有因資料輸入錯誤以致影響應考人權益時，由應考人自行負責。

3. 凡完成報名程序後，除因本身之傷殘、自身及一等親以內之婚喪、重病或天災等不可抗力因素，造成無法於報名日期應考時，得依相關憑證辦理延期手續（以一次為限且不予退費），請報名應考人確認後再行報名。

4. 應考人需具備基礎電腦操作能力，若有身心障礙之特殊情況應考人，需使用特殊電腦設備作答者，請於認證舉辦 7 日前與主辦單位聯繫，以便事先安排考場服務，若逕自報名而未告知主辦單位者，將與一般應考人使用相同之考場電腦設備。

5. 參加本項認證報名不需繳交照片，但請於應試時攜帶具照片之身分證件正本備驗（國民身分證、駕照等）。未攜帶證件者，得於簽立切結書後先行應試，但基於公平性原則，應考人須於當天認證考試完畢前，請他人協助送達查驗，如未能及時送達，該應考人成績皆以零分計算。

6. 非應試用品包括書籍、紙張、尺、皮包、收錄音機、行動電話、呼叫器、鬧鐘、翻譯機、電子通訊設備及其他無關物品不得攜帶入場應試，違者扣分，並得視其使用情節加重扣分或扣減該項全部成績。（請勿攜帶貴重物品應試，考場恕不負保管之責。）

7. 認證時除在規定處作答外，不得在文具、桌面、肢體上或其他物品上書寫與認證有關之任何文字、符號等，違者作答不予計分；亦不得左顧右盼，意圖窺視、相互交談、抄襲他人答案、便利他人窺視答案、自誦答案、以暗號告訴他人答案等，如經勸阻無效，該科目將不予計分。

8. 若遇考場設備損壞，應考人無法於原訂場次完成認證時，將遞延至下一場次重新應考；若無法遞延者，將擇期另行舉辦認證或退費。

9. 認證前發現應考人有下列各款情事之一者，取消其應考資格。證書核發後發現者，將撤銷其認證及格資格並吊銷證書。其涉及刑事責任者，移送檢察機關辦理：

   (1) 冒名頂替者。

   (2) 偽造或變照應考證件者。

   (3) 自始不具備應考資格者。

   (4) 以詐術或其他不正當方法，使認證發生不正確之結果者。

10. 請人代考者，連同代考者，三年內不得報名參加本認證。請人代考者及代考者若已取得 TQC+ 證書，將吊銷其證書資格。其涉及刑事責任者，移送檢察機關辦理。

11. 意圖或已將試題或作答檔案攜出試場或於認證中意圖或已傳送試題者將被視為違反試場規則，該科目不予計分並不得繼續應考當日其餘科目。

12. 本項認證試題採亂序處理，考畢不提供試題紙本，亦不公布標準答案。

13. 應考時不得攜帶無線電通訊器材（如呼叫器、行動電話等）入場應試。認證中通訊器材鈴響，將依監場規則視其情節輕重，扣除該科目成績五分至二十分，通聯者將不予計分。

14. 應考人已交卷出場後，不得在試場附近逗留或高聲喧嘩、宣讀答案或以其他方式指示場內應考人作答，違者經勸阻無效，將不予計分。

15. 應考人入場、出場及認證中如有違反規定或不服監試人員之指示者，監試人員得取消其認證資格並請其離場。違者不予計分，並不得繼續應考當日其餘科目。

16. 應考人對試題如有疑義，得於當科認證結束後，向監場人員依試題疑義處理辦法申請。

貳、成績與證書

一、合格標準

1. 各項認證成績滿分均為 100 分，應考人該科成績達 70（含）分以上為合格。
2. 成績計算以四捨五入方式取至小數點第一位。

二、成績公布與複查

1. 各科目認證成績將於認證結束次工作日起算兩週後，公布於 TQC+ 認證網站，應考人可使用個人帳號登入查詢。
2. 認證成績如有疑義，可申請成績複查。請於認證成績公告日後兩週內（郵戳為憑）以書面方式提出複查申請，逾期不予受理（以一次為限）。
3. 請於 TQC+ 認證網站下載成績複查申請表，填妥後寄至本會各區推廣中心辦理。每科目成績複查及郵寄費用為新台幣壹佰伍拾元整，申請方式如下：
   (1) 填妥成績複查申請表，並黏貼身分證正反面影本。
   (2) 浮貼成績複查工本費劃撥收據正本（請自行留存影本）
   帳　　　號：13864372
   帳戶名稱：財團法人中華民國電腦技能基金會
   通訊欄註明：TQC+ 專業設計人才認證成績複查申請
   (3) 以掛號寄至以下地址：
   台北市 105 松山區八德路三段 2 號 6 樓
   『TQC+ 專業設計人才認證服務中心』收
4. 成績複查結果將於十五日內通知應考人；遇有特殊原因不能如期複查完成，將酌予延長並先行通知應考人。
5. 應考人申請複查時，不得有下列行為：
   (1) 申請閱覽試卷。
   (2) 申請為任何複製行為。
   (3) 要求提供申論式試題參考答案。
   (4) 要求告知命題委員、閱卷委員之姓名及有關資料。

三、 證書核發

1. 單科證書：

   單科證書於各科目合格後，於一個月後主動寄發至應考人通訊地址，無須另行申請。

2. 人員別證書：

   應考人之通過科目，符合各人員別發證標準時，可申請頒發證書，每張證書申請及郵寄費用為新台幣壹佰伍拾元整。

   請至 TQC+ 認證網站進行線上申請，步驟如下：

   (1) 填寫線上證書申請表，並確認各項基本資料。

   (2) 列印填寫完成之申請表。

   (3) 黏貼身分證正反面影本。

   (4) 繳交換證費用

   　　申請表上包含乙組銀行虛擬帳號及應繳金額，請以轉帳或臨櫃繳款方式繳交換證費用。該組帳號僅限當次申請使用，請勿代繳他人之相關費用。

   　　繳費時可能需支付銀行手續費，費用依照各銀行標準收取，不包含於申請費用中。

   (5) 以掛號郵寄申請表至以下地址：

   　　台北市 105 松山區八德路三段 2 號 6 樓

   　　『TQC+ 專業設計人才認證服務中心』收

3. 各項繳驗之資料，如查證為不實者，將取消其頒證資格。相關資料於審查後即予存查，不另附還。

4. 若應考人通過科目數，尚未符合發證標準者，可保留通過科目成績，待符合發證標準後申請。

5. 為契合證照與實務工作環境，認證成績有效期限為 5 年（自認證日起算），逾時將無法換發證書，需重新應考。

6. 人員別證書申請每月 1 日截止收件(郵戳為憑)，當月月底以掛號寄發。

7. 單科證書如有毀損或遺失時，請依人員別證書發證方式至 TQC+ 認證網站申請補發。

參、 聯絡資訊

應考人若需取得最新訊息，可依下列方式與我們連繫：

TQC+ 專業設計人才認證網：http://www.TQCPLUS.org.tw

電腦技能基金會網站：http://www.csf.org.tw

TQC+ 專業設計人才認證推廣中心聯絡方式及服務範圍：

北區推廣中心

新竹縣市(含)以北，包括宜蘭縣、花蓮縣及金馬地區

地　　址：台北市 105 松山區八德路三段二號 6 樓

服務電話：(02) 2577-8806

中區推廣中心

苗栗縣至嘉義縣市，包括南投地區

地　　址：台中市 406 北屯區文心路 4 段 698 號 24 樓

服務電話：(04) 2238-6572

南區推廣中心

台南縣市（含）以南，包括台東縣及澎湖地區

地　　址：高雄市 807 三民區博愛一路 366 號 7 樓之 4

服務電話：(07) 311-9568

問題反應表

TQC+

親愛的讀者：

　　感謝您購買「TQC+ 電腦輔助平面製圖認證指南 AutoCAD 2014」，雖然我們經過縝密的測試及校核，但總有百密一疏、未盡完善之處。如果您對本書有任何建言或發現錯誤之處，請您以最方便簡潔的方式告訴我們，作為本書再版時更正之參考。謝謝您！

讀　　者　　資　　料			
公　司　行　號		姓　　名	
聯　絡　住　址			
E-mail Address			
聯　絡　電　話	（O）	（H）	
應用軟體使用版本			
使　用　的　PC		記憶體	
對本書的建言			
勘　　誤　　表			
頁　碼　及　行　數	不當或可疑的詞句	建　議　的　詞　句	
第　　　頁			
第　　　行			
第　　　頁			
第　　　行			

覆函請以傳真或逕寄：

地址：　台北市105八德路三段2號6樓
　　　　中華民國電腦技能基金會 出版管理中心 收

TEL：　(02)25778806 轉　760

FAX：　(02)25778135

E-MAIL：　master@mail.csf.org.tw

心得筆記

讀者回函

購書書名：TQC+ 電腦輔助平面製圖認證指南 AutoCAD 2014　　書號：＿＿＿＿

姓名：＿＿＿＿＿＿＿＿＿＿＿＿＿＿＿性別：□ 男　□ 女　年齡：＿＿＿＿＿＿＿

電子郵件：＿＿＿＿＿＿＿＿＿＿＿＿＿＿電話：＿＿＿＿＿＿＿＿＿＿＿＿

地址：＿＿＿＿＿＿＿＿＿＿＿＿＿＿＿＿＿＿＿＿＿＿＿＿＿＿＿＿＿＿＿

職業：□ 軍　□ 公　□ 教　□ 商　□ 學生　□ 資訊從業人員　□ 其他＿＿＿＿＿

學歷：□ 研究所以上　□ 大學　□ 專科　□ 高中職　□ 其他＿＿＿＿＿＿＿＿＿

購買過本會所出版的書籍：

TQC 系列

□ TQC 實力養成暨評量　　　　　　□ TQC 實力養成暨評量解題祕笈

□ TQC 特訓教材　　　　　　　　　□ TQC 動態解題光碟

TQC+ 系列

□ TQC+ 建築設計領域認證指南　　　□ TQC+ 建築設計領域認證指南解題秘笈

□ TQC+ 電路設計領域認證指南　　　□ TQC+ 電路設計領域認證指南解題秘笈

□ TQC+ 工程設計領域認證指南　　　□ TQC+ 工程設計領域認證指南解題秘笈

□ TQC+ 軟體設計領域認證指南　　　□ TQC+ 軟體設計領域認證指南解題秘笈

□ TQC+ 視傳設計領域認證指南　　　□ TQC+ 視傳設計領域認證指南解題秘笈

您認為我們應該增加哪方面的電腦書籍？（可複選，並註明需求）

□ CAE 工程分析系列　　　□ IC 電路設計系列　　　□ 數位出版設計系列

□ 其他＿＿＿＿＿＿＿＿＿＿＿＿＿＿＿＿＿＿＿＿＿＿＿＿＿＿＿＿＿＿

您最常購買書籍的管道：(可複選)

□ 連銷書店　□ 專業電腦書店　□ 一般書店　□ 電腦商場

□ 展覽會場　□ 線上購書　　　□ 郵購　　　□ 學校統一訂購

您是否願意收到本會的最新產品或相關訊息　□ 願意　　□ 不願意

其他的建議：＿＿＿＿＿＿＿＿＿＿＿＿＿＿＿＿＿＿＿＿＿＿＿＿＿＿＿＿＿

❖ 如蒙回覆，將可優先獲得本會各項活動訊息，以及讀者優惠活動 ❖

心得筆記

國家圖書館出版品預行編目資料

TQC+ 電腦輔助平面製圖認證指南 AutoCAD
2014(附練習光碟) / 財團法人中華民國電腦技能
基金會-- 初版. -- 新北市 : 全華圖書,
2014.03　面；　公分
ISBN 978-957-21-9343-3(平裝附光碟片)

1.AutoCAD 2014(電腦程式) 2.工程圖學

312.49A97　　　　　　　　　　103003141

TQC+ 電腦輔助平面製圖認證指南 AutoCAD 2014(附練習光碟)

編著 / 財團法人中華民國電腦技能基金會

執行編輯 / 周映君

封面設計 / 楊昭琅

發行人 / 陳本源

出版者 / 全華圖書股份有限公司

郵政帳號 / 0100836-1 號

印刷者 / 宏懋打字印刷股份有限公司

圖書編號 / 19318007

初版二刷 / 2016 年 9 月

定價 / 新台幣 420 元

ISBN / 978-957-21-9343-3 (平裝附光碟片)

全華圖書 / www.chwa.com.tw

全華網路書店 Open Tech / www.opentech.com.tw

若您對書籍內容、排版印刷有任何問題，歡迎來信指導 book@chwa.com.tw

臺北總公司(北區營業處)
地址：23671 新北市土城區忠義路 21 號
電話：(02) 2262-5666
傳真：(02) 6637-3695、6637-3696

中區營業處
地址：40256 臺中市南區樹義一巷 26 號
電話：(04) 2261-8485
傳真：(04) 3600-9806

南區營業處
地址：80769 高雄市三民區應安街 12 號
電話：(07) 381-1377
傳真：(07) 862-5562